WS
ウェッジ選書

合原一幸
［編著］

社会を変える
驚きの数学

21世紀の地球と
人類のかかわりを考える

「地球学」シリーズ

w e d g e s e n s h o

ウェッジ

はじめに

「数学はどれだけ世の中に役立っているのですか?」

よく聞かれる質問です。そして、学生時代、数学にはずいぶん苦しめられたけれども、役に立ったためしはないと考える方は多いように思われます。しかしながら、実は数学は現代社会を根底で支えるとともに、様々な学問の基盤にもなっているのです。本書は、このような数学が拓く世界を一般の読者向けに紹介することを目的としています。

あまり知られていないかもしれませんが、学問分野としての数学は、大きくふたつに分けられています。ひとつは「純粋数学」です。日本の大学のほとんどの数学科が対象としているのが、この純粋数学です。

一方が純粋数学であるとすると、他方は「〃純粋でない〃数学」ということになります。

こちらは、応用数学や統計学などの分野です。編者の研究は、この分野のさらに末端に位置しています。世の中に実在する諸現象から学んで新しい数学を創る「数理工学」です。

このように数学といってもたいへん幅が広いので、役に立つかどうかという質問の答えも多岐に渡っています。

まず、よくある素朴な疑問である「学校で数学を勉強して何の役に立つのか？」という質問に対しては、数学はなによりも論理的、知的な思考や推論の基礎になるので、意識するしないにかかわらず、日常生活にも十分役に立っているはずと答えることができるでしょう。また、〝二次関数〟などはたいへん不人気なようですが、カオス理論などの〝非線形科学〟の考え方の基本的部分は、この二次関数のみを用いて十分深く理解することができるのです。二次関数がもっとも単純な非線形性を表すからです。

次に、純粋数学は応用と無縁かというと、実はそんなことはありません。純粋数学者の意志を越えて思いがけない卓越した応用が生み出されることが、しばしば起きるのです。本書でもご紹介するように、古代から多くの人々を魅了し続けてきた素数が、現代の暗号に使われている事実がこのことを端的に表しています。また、実生活に役立つ数学の応用を対象としたガウス賞の記念すべき初代受賞者となった伊藤清先生の業績も好例です。伊藤先生が60年以上も前に開拓された確率解析の基礎理論は、思いがけない応用へと結びつき、今日の数理ファイナンスや金融工学の発展のいしずえとなりました。このように純粋数学研究の成果が応用として花開くまでの時間は、数十年なのかあるいは数千年なのか予測不能なのです。

いずれにしろ、このような応用の種としての純粋数学の重要性が最近あらためて見直されてきています。数学のノーベル賞ともいわれるフィールズ賞受賞者の広中平祐先生は、「数学は科学技術すべての〝母〟である」と言われました。実に味わい深い言葉だと思います。さらに数学は、最近芸術にも応用されています。編者の研究室の木本圭子さんは、非線形時空間構造を映像化した「イマジナリー・ナンバーズ2006」で平成18年度文化庁メディア芸術祭アート部門大賞を受賞しましたが、彼女の作品は多数の数式たちがコンピュータに支えられてダイナミカルに創り出したものです。

他方で、応用数学や数理工学は様々な応用を指向し、そして実際に生み出しながら、現代の高度情報化社会をも根底で支えているのです。

この分野の研究で重要な役割を果たすのが「数学モデル（数理モデル）」です。モデルという言葉は、たとえばプラモデルとかファッションモデルとかいう風に使われますが、これらと同様に数学モデルは現実に存在するものを少し単純化・理想化して模型にするものです。ただし、数式を用いて。そして、この現実を写しとった数学モデルを数学の世界で解析し、その結果を現実にフィードバックしながら、現実を理解するとともにさらには制御や予測へとつなげていくことになります。

数学モデルの応用は、実に多様です。数学そのものを考える脳でさえもその対象になるのです。たとえば、脳を作っている細胞である神経細胞（ニューロン）の数学モデルが、1952年にイギリスのホジキンとハクスレイによって定式化され、この業績で彼らはノーベル生理学医学賞を受賞しました。今では、脳の様々な機能のメカニズムが数学モデルを使って研究されています。さらに、数学者の脳が数学上の発明をどのようにして生み出すのかという問題は、昔から数学者自身によっても考察されてきています。数学が、「数学を創造する脳」自体の理解にも役に立つのかもしれません。

なお本書は、「21世紀の数学像」をテーマに行なわれたフォーラム「地球学の世紀」がベースとなっています。フォーラムでご講演いただいた広中平祐先生、藤原正彦先生、小島定吉先生、それから本書の各章をご執筆いただいた諏訪紀幸先生、今野紀雄先生、新井仁之先生、私の研究室の最近の卒業生や現在在籍中の研究員、大学院生の皆さん、そして本書の取りまとめにご尽力いただいたウェッジ編集部の松原梓さんに感謝申し上げます。

本書によって、あまり知られていない「役に立つ数学」の一端を読者の皆さんにお伝えできれば、編者として大きな喜びです。

合原一幸

◎目次◎

はじめに……i

第1章 日常を〝数学〟する

●生命の不思議を数理する……2
合原一幸（東京大学生産技術研究所 教授）
●素数の神秘とその応用……40
諏訪紀幸（中央大学理工学部 教授）
●ランダムウォーク森羅万象……78
今野紀雄（横浜国立大学大学院工学研究院 教授）
●錯視の数理……114
新井仁之（東京大学大学院数理科学研究科 教授／科学技術振興機構さきがけ 研究者）

第2章 特別寄稿 21世紀の数学像

第3章 数学がかなえる未来
——東大合原研の数理工学最前線

第 1 章

日常を“数学”する

√√√√√

合原一幸
(東京大学生産技術研究所教授)
諏訪紀幸
(中央大学理工学部教授)
今野紀雄
(横浜国立大学大学院工学研究院教授)
新井仁之
(東京大学大学院数理科学研究科教授、
科学技術振興機構さきがけ研究者)

生命の不思議を数理する

合原一幸（東京大学生産技術研究所教授）

†21世紀の数学に向けて

最近、数学の重要性があらためて認識されてきています。そのひとつのきっかけは、「忘れられた科学——数学」というタイトルの文部科学省科学技術政策研究所によるエビデンス・ベースの卓越したレポートです。このレポートでは、日本と欧米とを比較して、もともと日本は数学のレベルが高いと思われていたのに、近年では研究費や博士号の取得者数、さらには論文発表数もあまり伸びていないし、数学と他分野との融合研究への期待が高い一方で実際には取り組みがあまり進んでいないのではないか、といった危惧がデータに基づいて述べられています。そうした危機感もあって、数学をその応用可能性を視野に入れて再建しようという動きが高まっているのです。確かに、19世紀まではたとえば数学者と物理学者を兼ねている人も多かったのですが、20世紀には数学ロジックの中で現実問題との接点なしに数学を研究する〝純粋数学者〟が数学者の大多数になって、数学と他の学問が遊離していった側面はあるように思われます。

数学の重要性が再認識されたもうひとつの背景として、「横断型科学技術」という概念が最近注目されていることが挙げられます。このことを、ここでは工学を例にして説明します。

20世紀の科学技術は縦割り化が非常に進み、専門化、細分化、深化してきました。例えば多くの大学の工学部には、電気電子工学科や機械工学科があります。電気電子工学であれば、まず「電磁気学」といった科学法則がベースにあって、その上に電気電子工学という工学としてのディシプリン（専門分野における修養）があります。そこで学んだ多くの卒業生はその後、自分の専門を生かせる電気電子産業に就職していきます。つまり、基礎科学、工学、産業という縦に一本スジの通った構造があるわけです。機械工学に関しても同じで、まず基礎の力学があり、次に機械工学があり、さらに機械産業がある。このような縦型の学問が工学部にはたくさんあるわけです。そしてこのことが、工学や技術は科学の単なる応用にすぎないというかたよった理解、誤解を生む原因にもなっています。これは明らかに間違った考え方です。あまり知られていないのかもしれませんが、現代の工学研究は基礎科学的研究のウエイトが大きく、実は工学部と理学部に研究上はあまり違いはありません。

ところで私が専門とする学問は、数理工学というマイナーな学問です。たぶん日本全国でも「数理工学」を専門とする学部レベルの学科があるのは、東大と京大の他ごく少数の大学だけではないでしょうか。この数理工学には縦型でいうところの受け皿としての産業もないし、そもそも縦型の構造ではありません。

数理、さらにはシステムや情報のような概念というのは、工学部でいうとどこの学科にも必要不可欠です。すなわち、これらは、学科横断的な方法論の体系、つまりメソドロジーを提供する学問と言えます。その中で数理工学は、数学をベースにしてどこの学科でも必要な数理的な手法をつくるという横型の学問なのです（数理工学の詳細に関しては、たとえば杉原正顯、杉原厚吉編著『数理工学最新ツアーガイド』（日本評論社）などを参照）。

こういう横型の学問も実は存在するのだということが、次第に認識されてきていて、このことをきちんと意識した上で縦型と横型の両方の軸を考えれば、いろいろな学問の融合が大きく進展することが期待されます。例えば、ゲノム科学と情報科学が融合してバイオインフォマティクスという分野が生まれました。最近、脳科学においても、情報科学や数理工学と結びついてニューロインフォマティクスという研究分野をつくろうという動きがあります。このように、横型学問と他の学問をうまく結びつけることによって新しい学問が生まれてくる可能性が期待を集めているわけです。

数理工学は数学の一部でもありますから、より広い意味で数学そのものの持つ重要性というのがあるわけです。実際数学の理論は普遍性を持つので、個々の分野を超えて使うことができます。したがって、分野横断的な方法論の基軸となり得るわけです。

†対象の広さが数学モデルの面白さ

数理工学の研究手法は、ニュートン以来の自然科学の伝統に従っています。まず最初に、自分たちが解きたい現実の諸問題があります。そこで次に、その実在する現象の数学モデル（数理モデル）を作って数学の世界に持ちこんで、数学的解析を行い、さらに必要であればその解析手法自体をあらたに創り出して、現実の問題を解決するというアプローチをとります。言い換えれば、学問の進め方が、17世紀のニュートンの時代からあまり変化していないとも言えます。

しかしながら、その対象はどんどん広がっています。我々は特に生命現象に興味を持っていて、「生命の数学モデル研究」を行っています。このような研究対象の広さ、自由さが、数学モデル研究の醍醐味です。実験設備が不用な理論研究だからこそできることです。他方で、いかにうまく研究テーマを設定するかが、研究の成否に直結します。したがって、私の研究室では、学生を指導するときにも研究テーマをこちらから与えることはしません。学生ひとりひとりが興味のある対象を選ぶこと自体が、研究を進めるためのスタート地点であり、学ぶべきいちばん重要なポイントでもあるからです。ですからたとえ学部の卒論生であっても、研究テーマは自分自身で決める必要があります。そして、学生が決めたテーマに従って教員が勉強するということになります。普通の研究室とはたぶん逆ですね。

†分岐——急激に変化する振る舞い

数学モデルを考える上で重要な問題に、「普遍性（一般性）と個別性（特殊性）」の問題があります。数理的な体系化は、普遍性の追求であると言えます。しかしながら、すでに述べたように我々はこの世の中に実在する個々の現象に興味があります。つまり、研究や応用の対象は個別性を持っています。ですから、普遍性と個別性の両方を考慮し

図１　男性の顔から女性の姿に変化する図

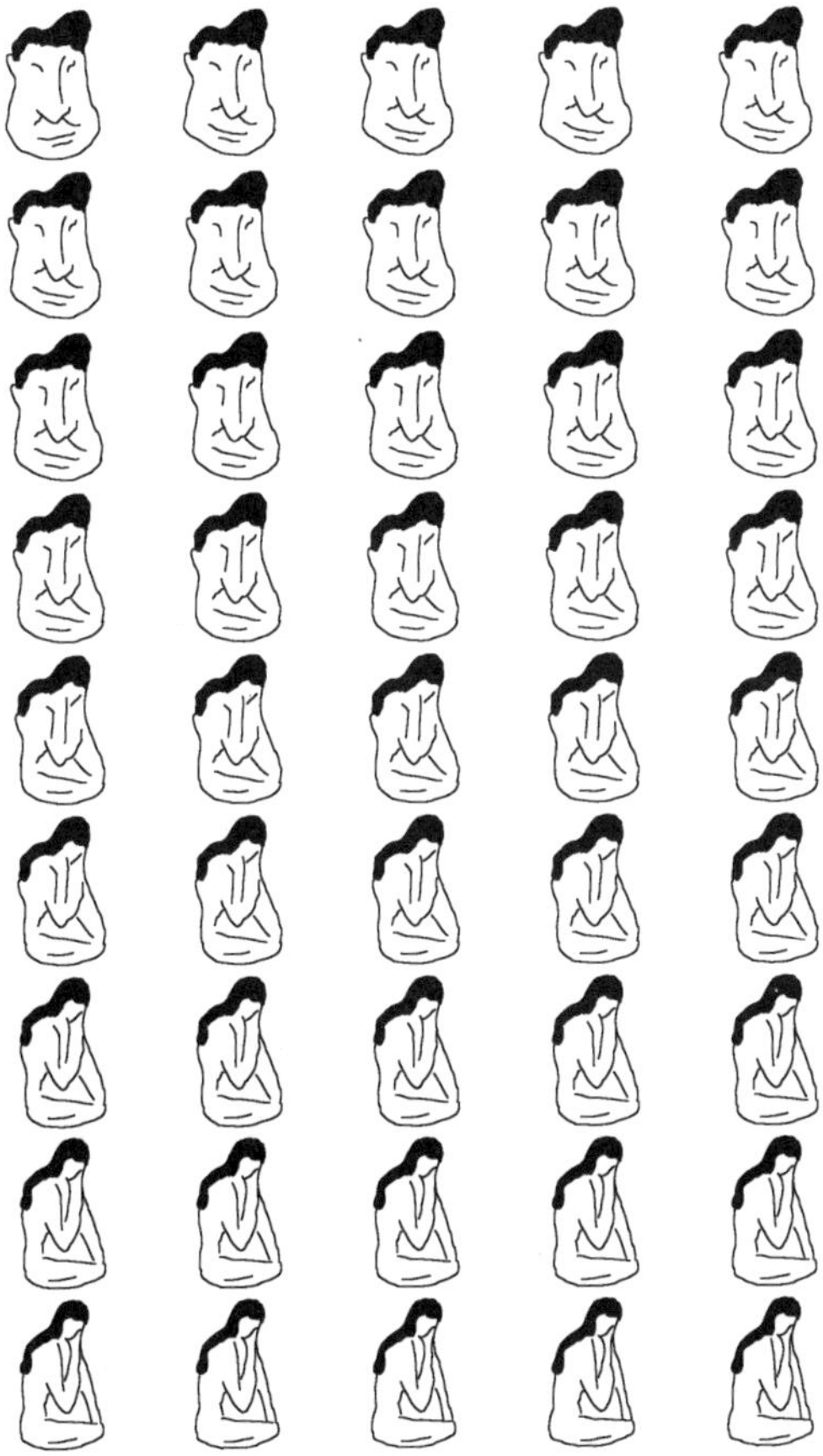

図２　ヒステリシス現象。絵の変化する方向に依存して２つの解釈が存在する

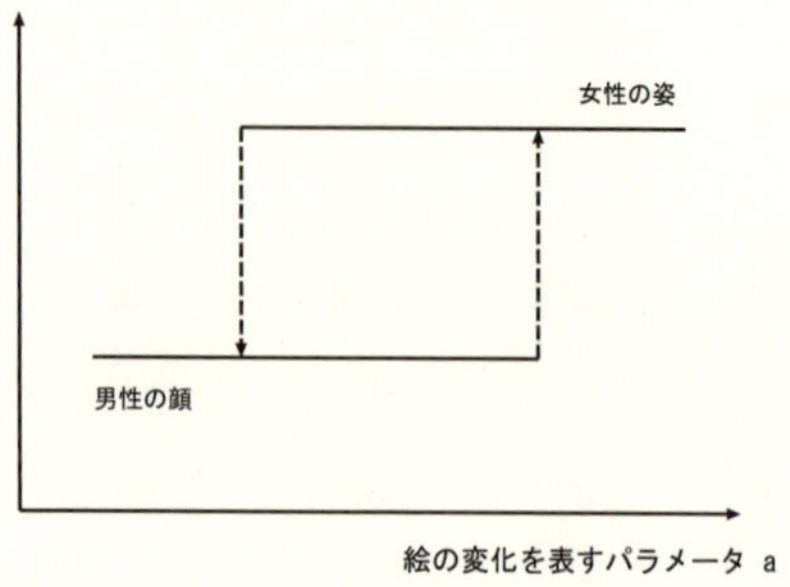

ながら研究を進めなければなりません。ここは非常に重要な論点です。そこでまずはじめに、普遍性と個別性についてもう少し述べます。

図１は、左上から右下へと男性の顔が徐々に変化していってやがて女性の姿へ至る一連の絵です。この時真ん中あたりの絵は「多義性」（複数の解釈が可能であること）を持ちます。１枚の絵なのですが、男性の顔のように見えたり、女性の姿のように見えたりするわけです。

この絵を連続的に変化させていくと、面白い現象が現れます。最初に男性の顔を見せてから次第に変化させていってやがて「女性だ」と判断される絵と、最初に女性の姿を見せてから変化させていって「男性だ」と判断される絵がずれるのです。これはヒステリシス現象（ある系が、外力の変化に

対して、履歴に依存して異なる状態をとる現象）と呼ばれる（図2）、典型的な非線形現象（一般に入力と出力が比例関係にないことによって生み出される現象のこと）です。

非線形現象はいろいろなところに現れます。非線形現象を体系的に説明しようとする理論の1つが、1970年代に大変流行した「カタストロフ理論」です。「カタストロフ理論」は、当時「破局の理論」とも呼ばれて、この世の中の不連続に突然生じる様々な破局現象を説明する一般理論だと、広く喧伝されました。提唱したのがルネ・トムというフィールズ賞をもらった有名な数学者だったこともあり、たいへん注目を集めました。しかしカタストロフ理論は、応用という意味では理論そのものが破局してしまいました。普遍性と個別性を混同してしまったことがその原因です。

カタストロフ理論の典型は、「カスプ・カタストロフ」です（図3）。これは、図4の微分方程式がベースになっています。ここで、図4の式の左辺の微分係数は、時間tが少し変化したときに変数xがどう変化するかを表すものです。微分方程式を理解するためには、まず微分係数が0のところに着目します。微分係数が0ということは、その状態が時間とともに変化しないということです。これを「平衡点」あるいは「不動点」といいます。一旦この状態点になると、微分係数が0つまり変数の値が変化しませんから、

図３　カスプ・カタストロフの概略図

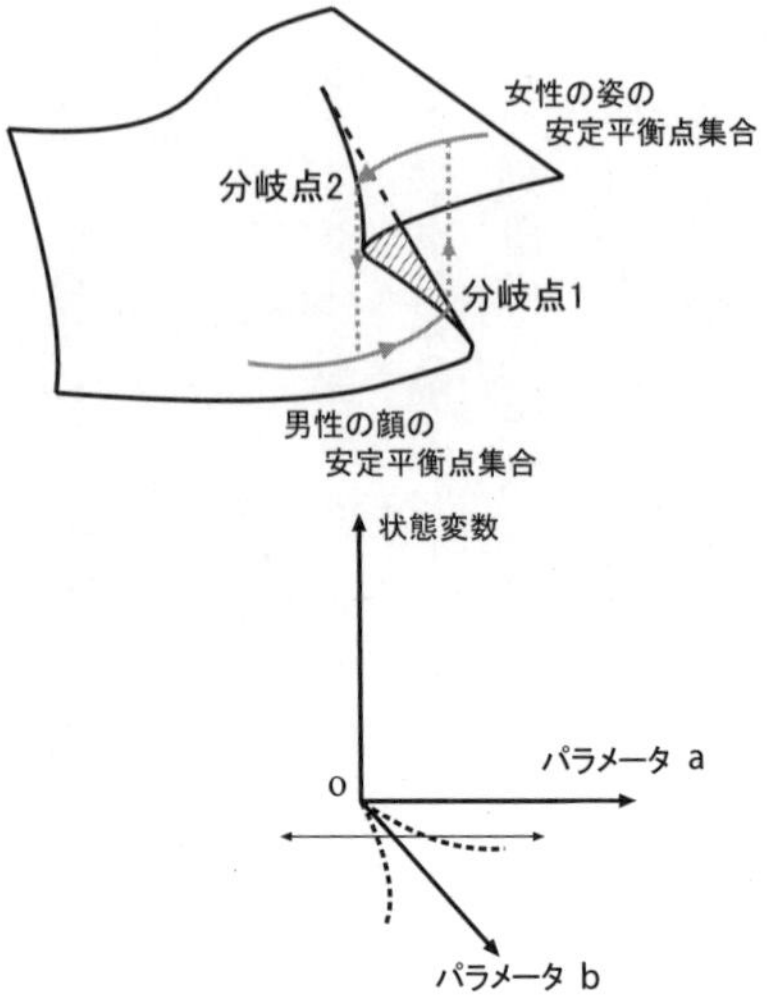

図４　カスプ・カタストロフの微分方程式。ｘは状態を表す変数（状態変数）、
ａとｂはパラメータ

$$\frac{dx}{dt} = a + bx - x^3$$

図５　安定な平衡点と不安定な平衡点の例

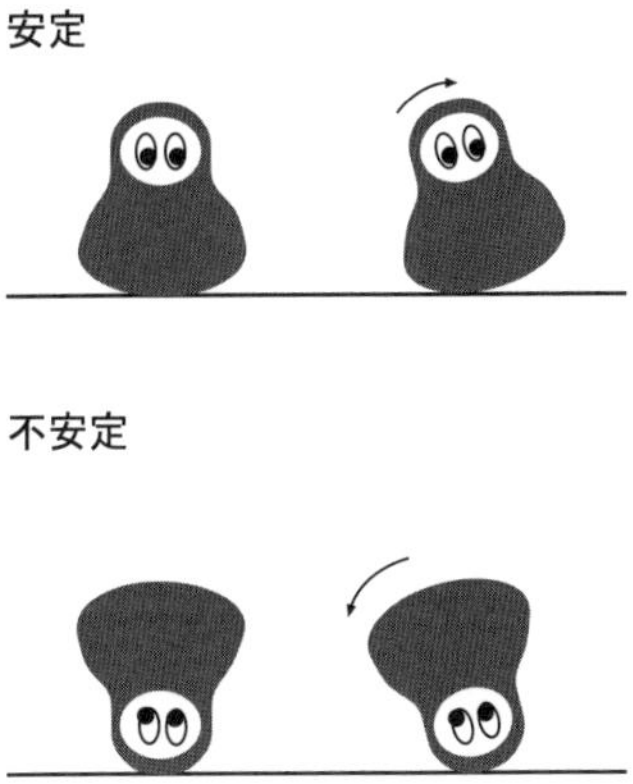

ずっとそこに留まります。つまり動きをピン止めする重要な点になるのです。

ここで注意すべきことは、平衡点には安定なものと不安定なものがあることです。安定なものは平衡点から少しずれてもまたその点に戻ってきます。一方、少しでもずれると、そこからどんどん離れていくものは不安定な平衡点です。

このことを、ダルマを例にして説明しましょう（図５）。ダルマは安定で、揺らしてもちゃんと立った状態に戻ります。これが、安定な平衡点に対応します。ところが、ダルマを逆さまにして置いたとしましょう。逆さまでも注意深く置けば立ちます。しかし、少しでも傾くと倒れます。この逆さまにかろうじて立っている状態が、不安定な平衡点に対応します。一般に微分方程式のパラメータを変えていったときに、パラメータのある値で突然平衡点が消滅・発生したり安定性が変化することが起こります。このように微分方程式の解の振る舞いがパラメータの値をゆっくりと変化させた時にある値を境に当然変わってしまう現象を、一般に「分岐（Bifurcation）現象」といいます。

「カスプ・カタストロフ」は広い意味では、この分岐現象の例になっています。このカタストロフの集合をパラメータの空間で見ると、図3の下の破線のように尖っています。尖っているので、「カスプ」すなわち「尖点」というのです。

さて、では先ほどの多義性を持つ絵のような現象は、どのように理解できるでしょうか。図3の矢印で示すように、絵を変化させることに対応するパラメータaをまず左端から右向きに変えていくと、分岐点1で「男性の顔」から「女性の姿」へと安定平衡点の分岐現象によるジャンプを生じることが分かります。

次に今度は逆にパラメータaを右端から左向きに戻していくとどうなるでしょうか。すると先ほどジャンプした点に来てもまだ「女性の姿」という平衡点が安定なのでその解釈が続きますが、それが分岐点2でジャンプして突然「男性の顔」の安定平衡点へと変化します。先ほどのヒステリシス現象はこのような数理的振る舞いとして理解できるわけです。

†普遍的なモデルそのままでは個別の問題は解析できない

1970年代のカタストロフ理論は、図3に示すように主として2つのパラメータと1つの状態変数を持つシステムにおけるカスプ・カタストロフの安定平衡点集合（二次元曲面で表される）を使って、様々な現象が説明できるとしていました。例えば、セールスマンがセールスに成功するかどうかを説明するモデルや女性をデートに誘うときに使える方法等、応用には実に面白いものがたくさんありました。当時、私は高校生から大学生ぐらいでしたが、たいへん感動して関連する本を読みあさっていたことを記憶しています。

でもそのうちに、だんだん「何か変だ」と思い始めるようになりました。カタストロフ理論では現象の記述や説明はできますが、それ以上に踏み込んだ個々の現象の理解にはつながらないのです。これがまさに普遍性と個別性の問題です。普遍的なモデルをそのまま個別現象に当てはめても、表面的な説明以上の深い理解には至らないのです。

ただし、普遍的性質を知っていることには十分に意味はあります。たとえば先ほどの「カスプ・カタストロフ構造」を知っていれば、シミュレーションして安定平衡点から別の安定平衡点へとジャンプするような現象が見られたときに、すぐに背後に図3のような数理構造があるのではないかという直感が働きます。ですから、普遍理論を知っていることは個別の問題解析にも役に立つのです。

カタストロフ理論の応用研究自体は破局したのですが、分岐理論はその後も進歩を続けて、いまでは様々なシステムのパラメータが変わったときに突然振る舞いが変わる諸現象を説明するための一般的な数学理論として大きな体系になっています。

例えば発振、振動やリズムを発生する現象は世の中にたくさんあり、そこでは「ホップ分岐」という分岐理論が有効に使われています。私も恩師の松本元先生(ヤリイカを使った神経細胞研究、脳型コンピュータ開発などの研究を行った神経科学者。1940~2003年)と神経細胞(ニューロン)の発振現象を研究しました。また、プラスミド(染色体とは独立している環状DNA。遺伝子組み換え実験で遺伝子の運び手として用いられる)に3個の遺伝子を組み込んで順番に抑制するように遺伝子・タンパク質回路を組むと、遺伝子発現の振動現象が起きます。このような神経細胞や遺伝子ネットワークのリズム発生もホッ

図6　周期倍分岐のくり返しによるカオスの生成（2次関数を用いたロジスティック写像 $x(t+1)=ax(t)(1-x(t))$、$t=0,1,2\cdots$ による）

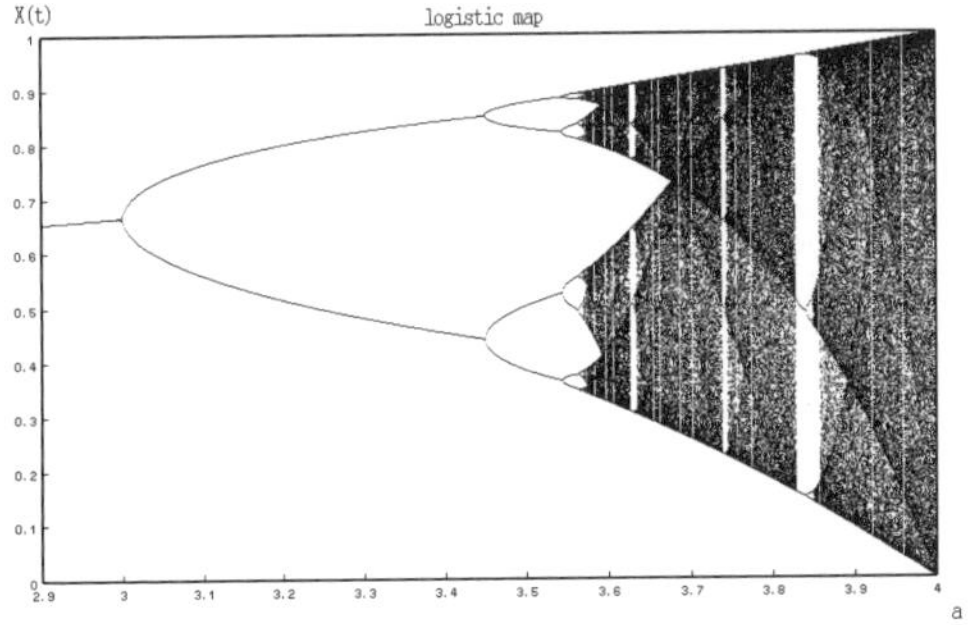

プ分岐理論で解析できます。

†カオスを生む分岐現象――周期倍分岐

分岐理論に関して、我々が感動したのは「周期倍分岐」という分岐現象です。これはカオスが生まれるときの分岐現象です。最初は不動点（この周期を1とする）があり、その後、振動が始まります。そのとき、まず2つの異なる値を交互にとる周期2の振動が起きます。次に4倍、8倍と、2のn乗の形で周期が延びていき、やがてnが無限大になって周期が2の無限大乗という無限大になります（図6）。この周期が無限大になった状態（図6の黒い部分）がカオスです。図6では、二次関数の写像が使われています。

図７　分岐解析ソフトウエア（(独) 科学技術振興機構 ERATO 合原複雑数理モデルプロジェクト開発；http://www.aihara.jst.go.jp/ を参照）

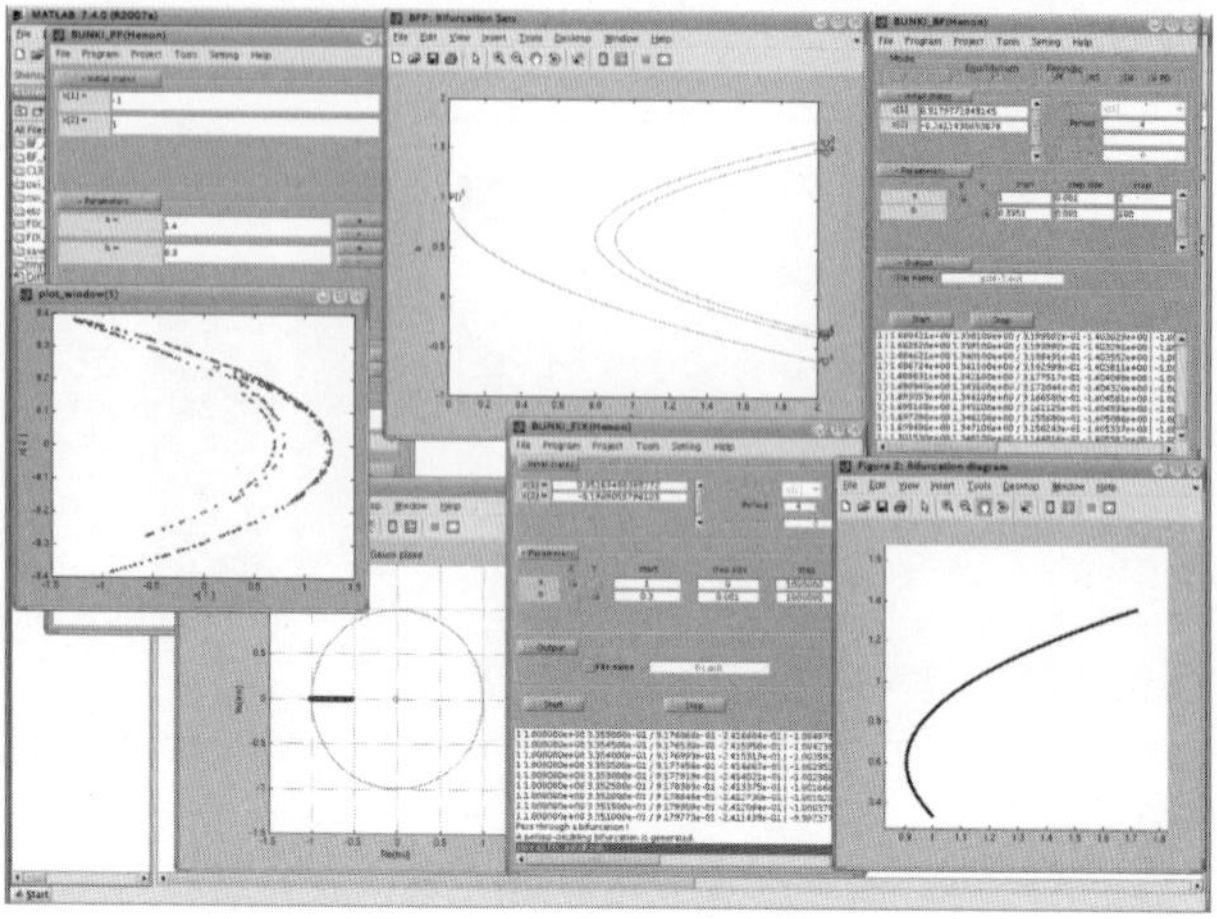

　ファイゲンバウムという研究者がこの二次関数以外にも一変数のいろいろな非線形写像を調べて、周期倍分岐構造が普遍的に存在するということを明らかにしました。さらに彼は、周期解が安定に存在するパラメータ領域の幅がｎが増えるとともに幾何級数的に減っていき、その減少の比率がある普遍定数であるということを発見しました。そしてちょうど同じ頃に、「レイリー・ベナール対流（熱対流の１つ。底を温め上を冷やしたときの鉛直方向の対流）」の実験でも、この周期倍分岐が見つかりました。そして、ファイゲンバウ

ムが一変数の写像で理論的に発見した普遍定数とほぼ同じ値が、このレイリー・ベナール対流実験において実験精度の範囲内で観測されたのです。流体の実験なので方程式で書くと無限次元の数学モデルになるのですが、その無限次元に対応する物理実験と一変数の数学モデルで同じ普遍定数が見つかったのです。これにはみんな大いに驚きました。このように分岐理論はいろんな現象の解析に使えますので、我々は現在、㈱科学技術振興機構のＥＲＡＴＯ合原複雑数理モデルプロジェクトで、汎用の分岐解析ソフトウェアを研究開発しています（図7）。２００８年度末までに、公開される予定です。

†神経活動を表したホジキン－ハクスレイの微分方程式

では次に、数学モデル研究の具体例を少しご紹介しましょう。まずは、ニューロン（神経細胞）の話です。

脳は、多数（ヒトだと約１０００億個）のニューロンからできています。ニューロンは「活動電位」と呼ばれる電気パルスを発生しますが、パルスが発生するかしないかを分ける、「しきい値」があります。通常の状態では、ニューロンの内側の電位が外側に比べて60ミリボルトからマイナス70ミリボルトぐらいの負の値（静止電位）になっています。こ

図８　ホジキン－ハクスレイ方程式。Ｖが、ニューロンの電位を表す状態変数

$$
\begin{aligned}
\frac{dV}{dt} &= I - 120.0m^3h(V-115.0) - 40.0n^4(V+12.0) \\
&\quad -0.24(V-10.613), \\
\frac{dm}{dt} &= \frac{0.1(25-V)}{\exp(\frac{25-V}{10})-1}(1-m) - 4\exp(\frac{-V}{18})m, \\
\frac{dh}{dt} &= 0.07\exp(\frac{-V}{20})(1-h) - \frac{1}{\exp(\frac{30-V}{10})+1}h, \\
\frac{dn}{dt} &= \frac{0.01(10-V)}{\exp(\frac{10-V}{10})-1}(1-n) - 0.125\exp(\frac{-V}{80})n.
\end{aligned}
$$

図９　ホジキン－ハクスレイ等価電気回路モデル

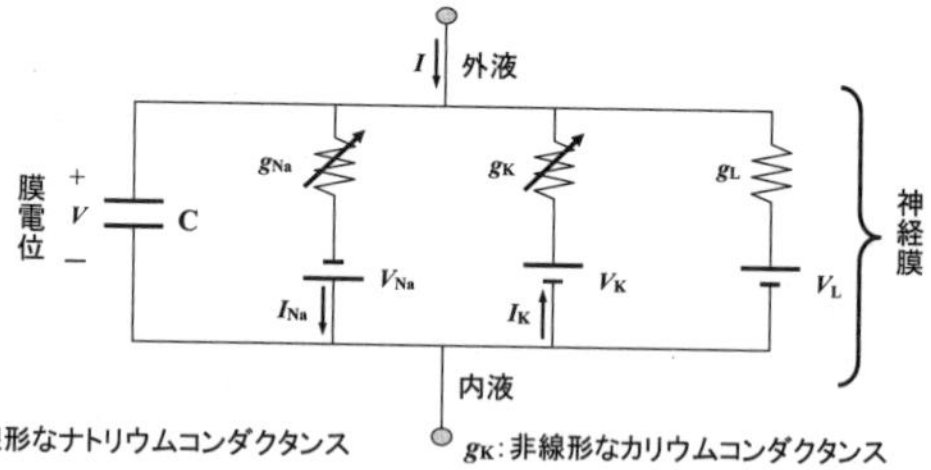

g_{Na}：非線形なナトリウムコンダクタンス
I_{Na}：ナトリウムイオンによる内向きイオン電流
V_{Na}：ナトリウム平衡電位
g_K：非線形なカリウムコンダクタンス
I_K：カリウムイオンによる外向きイオン電流
V_K：カリウム平衡電位

の状態（静止状態）が、ニューロンの安定な平衡点です。

刺激（入力）が入ってくると、この静止電位から電位が上がったり（興奮性入力）、下がったり（抑制性入力）します。そしてニューロンの電位が、静止電位よりも15ミリボルト程度大きいしきい値を超えると、活動電位の電気パルスを出してその後再び静止状態の安定平衡点に戻っていきます。これが活動電位と呼ばれる、脳のなかで情報をコードしていると信じられている電気パルスの生成プロセスです。このプロセスをどうやって記述するかが、20世紀前半の神経科学の大きな研究課題でした。

この研究で大きな成果を上げたのが、イギリスのホジキンとハクスレイです。彼らはヤリイカの巨大神経細胞の振る舞いを微分方程式で表しました（図8）。その基となったのは、図9の等価電気回路です。まず神経膜は基本的に脂質の膜ですから、その特性は電気的にはコンデンサになります。このコンデンサの両端の電圧が神経膜の膜電位です。そして、このコンデンサで表される脂質膜のなかに、ナトリウムを選択的に通すナトリウムイオンチャネルとカリウムを選択的に通すカリウムイオンチャネルという生体分子機械が多数埋め込まれています。このイオンチャネルの集団の特性は、マクロに捉えると電池とコンダクタ（伝導体）であると考えられます。これらが、図9の電気回路

図 10　フィッツフュー－南雲方程式。x がニューロンの電位を表す状態変数

$$
\begin{aligned}
\frac{dx}{dt} &= x - \frac{x^3}{3} - y + I,\\
\frac{dy}{dt} &= \epsilon(x + a - by).
\end{aligned}
$$

図 11　フィッツフュー－南雲方程式の電気回路実装

における中央の2本の枝で表されています。図9の1番右端の枝はそれ以外の漏れ電流の成分を表します。研究上最も難しかった点は、ナトリウムのコンダクタンス（電流の流れやすさ）とカリウムのコンダクタンスがコンデンサの両端の電圧である神経膜電位に依存して、ダイナミカルかつ非線形に変化するという特性の解明でした。それを図8の微分方程式で定式化するのに成功したのが、彼らの偉大な業績となりました。彼らは1952年にこの研究に関する論文を発表して、この業績によって1963年にノーベル生理学医学賞を受賞します。

図8を見るとわかるように、このホジキン―ハクスレイ方程式は大変複雑で、紙と鉛筆での理論研究はちょっとできません。そこで私たちの数理工学の大先輩にあたる南雲仁一先生、有本卓先生、吉澤修治先生が、この微分方程式を単純化し、定性的には同じような現象が出てかつ数学的解析も行える微分方程式を作りました。この方程式は、今ではフィッツフュー―南雲方程式と呼ばれています（図10）。さらに南雲先生たちは、この方程式を実現する電気回路を作成しました（図11）。1962年の仕事ですが、1957年に誕生した江崎玲於奈先生のトンネルダイオード特有の負性抵抗をいちはやく利用して、図10の三次関数を実現しています。見事な研究です。

†興奮性作用も持つ（?）GABA

さて、ニューロンとニューロンのつなぎ目には、シナプスという結合があります。ニューロン間では、化学伝達物質によって信号が伝わります。化学伝達物質がニューロンからニューロンへと信号を伝えて、受け手のニューロンの電位を上げたり下げたりするのです。受け手のニューロンの電位を上げて、電気パルス発生のしきい値に近づけるシナプスを「興奮性のシナプス」といい、逆に電位を下げてしきい値から遠ざけるシナプスを「抑制性のシナプス」といいます。抑制性シナプスの化学伝達物質としてよく知られているのが、「GABA（ガンマーアミノ酪酸）」です。最近は、GABAはチョコレートなどにも使われています。ところが「GABAは必ずしも抑制性ではない」という論文が2003年に「ニューロン」という欧米論文誌に出ました。これにはびっくりしました。実はGABAは、脳において抑制性と興奮性の両方の作用を持ち得るらしいのです。脳の興奮性伝達物質の典型例はグルタミン酸ですが、たとえばこの興奮性のグルタミン酸入力が十分強くて、その入力だけでニューロンが発火する（活動電位の電気パルスを発生すること）とします。この時、この興奮性入力とGABA入力を同時に加えると、

ＧＡＢＡ入力は抑制的に作用します。つまり、興奮性の入力だけだったら発火していたにもかかわらず、ＧＡＢＡ入力を同時に加えるとニューロンが発火しなくなる。すなわち、抑制性の効果です。

ところが、次に興奮性のグルタミン酸入力を弱めにしておいて、それだけではニューロンが発火しないような強さにしておきます。そして、この興奮性刺激を加える少し前、たとえば10ミリ秒程度前にＧＡＢＡ入力を入れると、なんとニューロンが発火するようになります。今度は興奮性のグルタミン酸入力だけだったら発火できないのですが、ＧＡＢＡ入力と組み合わせると発火するようになるのです。このように、グルタミン酸入力とＧＡＢＡ入力のタイミングに依存して、ＧＡＢＡ入力は興奮性作用を持つことがあるようです。

†数学モデルを作る意味

これはたいへん大きな発見です。脳科学では、このような今までの常識をくつがえす発見が、しばしば出てきます。ですから数学モデル研究者にとっては、脳は刺激的で面白いのです。このような新規な実験結果が出ると、あらたに数学モデルを作る必要がでてきます。その際、数学モデルを作って何をするのでしょうか。まずは、新しく発見された現象を説明しなければなりません。そのために、最初は数学モデルを作って新しい実験事実を再現することを目指します。そしてその後、その数学モデルを使って実験ではやれない状況までも想定し、その場合に生じるであろう現象を予測します。数学モデルを作ると、すぐには実験できないような広い条件下での数学モデルの振る舞いを調べることができるからです。これが数学モデルを作る大きな意義です。さらにこのニューロンの数学モデルをたくさん組み合わせて、様々なネットワーク（ニューラルネットワーク）を構成しその働きを数学的に解析することができます。このように、実験ではできないことがやれるのです。

ただし、そのときにいきなり闇雲に数学モデルを作るのはさすがに無理です。そこでまず、少なくとも新しく発見された実験データが再現できることを現象と対応させながらきちんと押さえておき、その次に、今度はそれよりももっと複雑な未知の状況になったときにどうなるかを考える。そのようにして研究を進めていきます。ＧＡＢＡの興奮性作用に関しては、教え子の森田賢治さんが数学モデル化に成功しました。

新しい数学モデルを作る際に重要なのは、数学モデルの複雑さという問題です。少なくともある程度複雑なモデルを使わないと、実験データと対比させる議論はできません。ですがあまりにモデルを複雑にして観測された実験データに合わせすぎると、オーバーフィッティングになってしまう可能性があります。これは、実験データに含まれるノイズの影響までも説明してしまって、かえって現象の本質から遠ざかってしまうという問題です。この点ホジキンとハクスレイのモデルは、そのバランス感覚が見事でした。もっともっと複雑にすると、より彼らの実験データには合うのです。ところが「このあたりの複雑さでいい」という絶妙な段階でやめているのです。

脳科学の実験研究者は、脳に存在する膨大な数のニューロンの応答特性をひとつずつ調べて、その働きを日々解明しています。たいへんな仕事です。けれども他方で、1000億個のニューロンから成るヒトの脳のなかの1個のニューロンの働きがわかっても全体は見えません。したがって、我々数学モデル研究者が行うべき大切な課題は、多数のニューロンから成るニューラルネットワーク（神経回路網）の性質を理論的に調べることです。数学モデルを用いると、「ニューラルネットワークがこういう構造を持てば、こういう情報処理ができるはず」といったシステム的思考が可能になります。そのために我々はいったん、1個のニューロンのレベルに着目してまずその数学モデルを

図 12　数学的に設計したシリコンニューロン回路

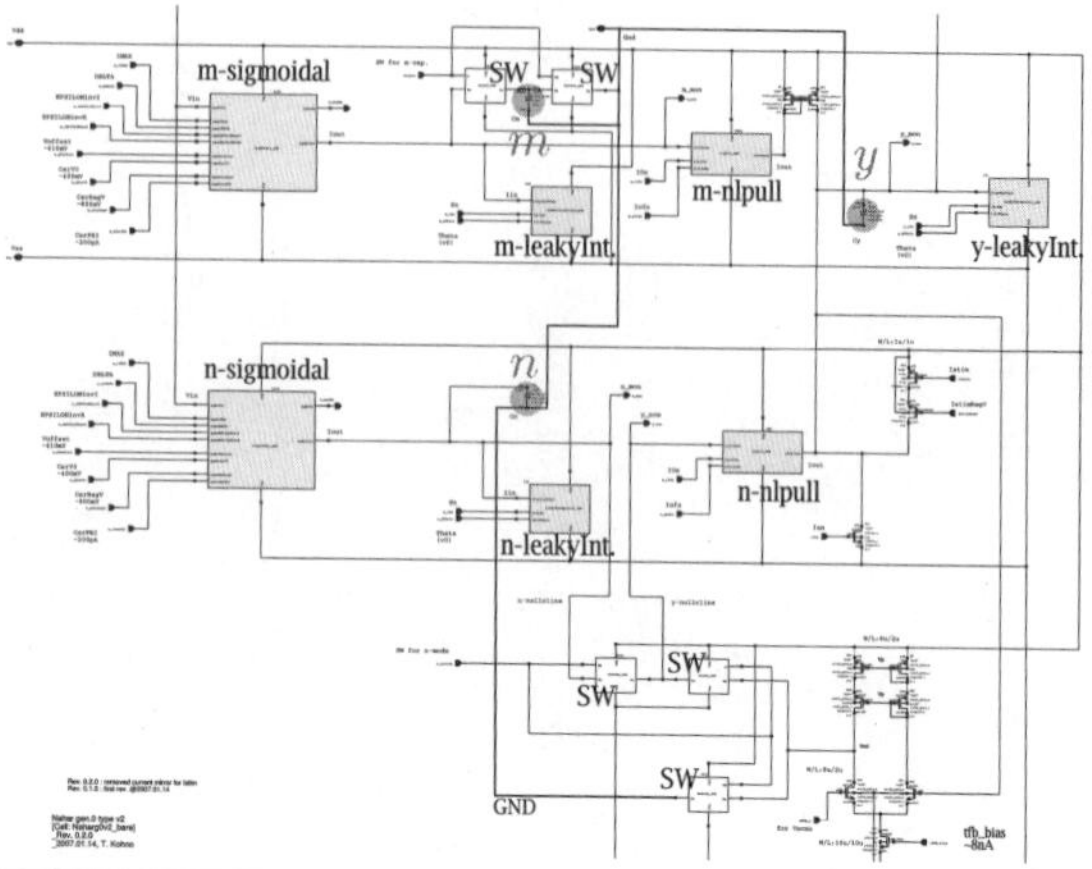

図 13　シリコンニューロン回路の集積回路実装（(独) 科学技術振興機構 ERATO 合原複雑数理モデルプロジェクト開発）

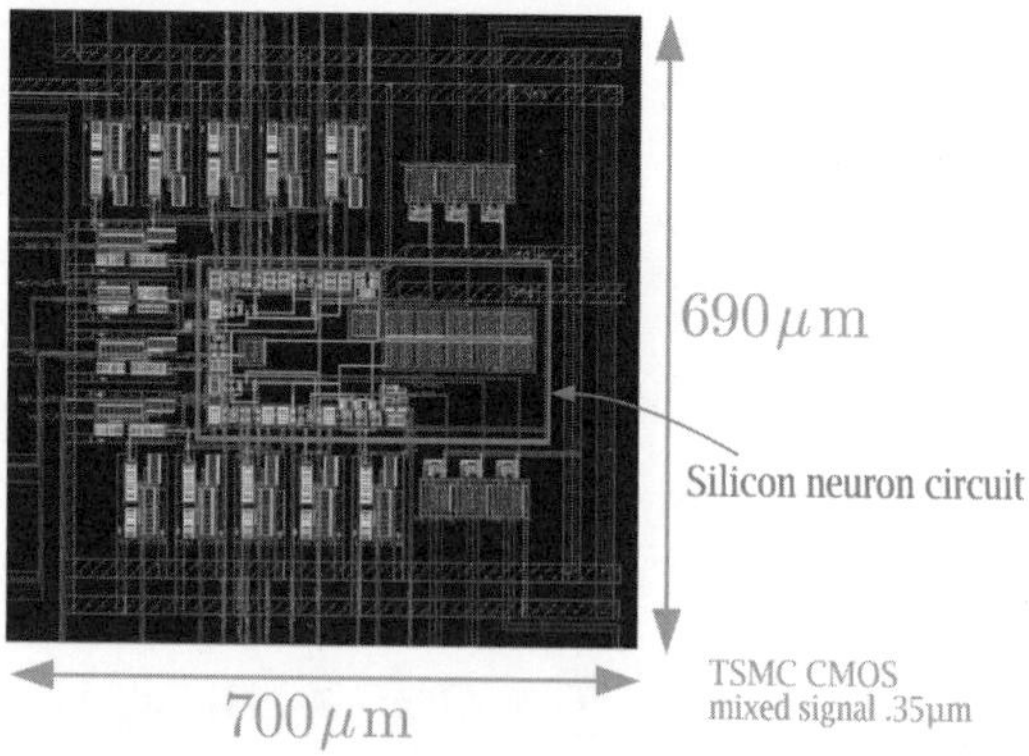

作り、次にそれを基に数学的にネットワークを構築するわけです。

脳に関しては、20世紀後半にいろいろなことが分かってきました。たとえば海馬や小脳の役割がかなり解明されています。ただ、いちばん肝心の大脳新皮質の詳細がなかなかわかりませんでした。ところが、この10年ぐらいで、相当細かいこともわかってきています。大脳新皮質特有の6層の構造の中で、どこにGABAニューロンやピラミダルニューロン（錐体細胞）などがあって、それらがどのように結合して、といった詳細構造、さらには階層性なども次第に明らかになってきているのです。いまようやく、大脳新皮質の基本機構の数学モデルを作れそうなレベルまで来ています。我々もこの問題を、藤井宏京都産業大学教授、津田一郎北大教授らと考え始めているところです（脳科学の最近の動向や歴史に関しては、たとえば、合原編著『脳はここまで解明された』（ウェッジ）や、外山敬介・甘利俊一・篠本滋編『脳科学のテーブル』（京都大学出版会）などを参照）。

さらに、南雲先生たちの先駆的研究（図10、図11）をお手本にして、東大生産技術研究所の河野崇准教授らと大脳新皮質ニューロンの数学モデルとその電子回路化（図12）にも取り組んでいます。この半世紀の集積回路の進歩により、今ではシリコンニューロチップが創れるようになっています（図13）。

†同期するカエルの鳴き声

多数のニューロンから成る動物の脳は、様々な興味深い動物の行動を生み出します。次に、動物行動の数理をアマガエルを例にしてお話ししましょう。

これは実は、京大大学院の理学研究科にいる愚息一究《いっきゅう》の研究です。彼は子どものときからなぜか両生類と爬虫類が好きで、わが家は両生類、爬虫類だらけでした。「ヘビだけは飼うな」と言っていたのですが、これもこっそり飼っていて、気がついたら座布団の上にとぐろを巻いていたこともありました。また、彼が大学1年生になったときに、どういう生活をしているか気になってアパートをのぞきに行ったら、お風呂でヒキガエルを大切に飼っていました。困ったものです。

京大には野生生物研究会というのがあります。西表島などのあちこちの野山を歩いて、野生生物を観察するというサークルです。一究は隠岐に行ったときに、多数で鳴いているカエルの鳴き声が同期していることに気づいたそうです。そこで、カエルの発声行動における同期現象の研究を始めました。

京大の北のあたりに彼のアパートがあるのですが、町中には点々と田んぼが残ってい

図 14　２匹のアマガエルの逆相同期現象（合原一究氏による実験データ）

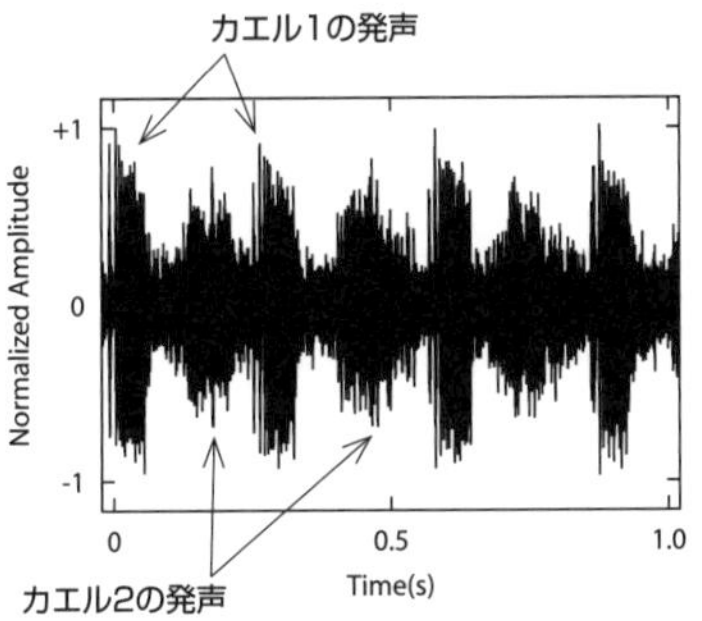

て、いくらでもアマガエルが捕れるのです。アマガエルが鳴くのは大体4月から7月ですが、彼はこの時期は生活が完全に逆転しています。夕方、カエルを2、3匹田んぼから捕ってきて、一晩中発声行動の実験をするのですが、鳴き声がうるさいので大学の研究室で実験するのは気が引けて、自分のアパートで実験しているようです。夜が明けるまで実験をして、朝になったらカエルをもとの田んぼにリリースして、昼間寝て、夕方になったらまたカエルを捕りに行くという生活です。

実験は、彼が子供の頃から蓄積したカエルのノウハウを駆使して、アマガエルにとって快適な状況を作り自発的に鳴くのをじっと待つというものです。彼が発見したのは、アマ

図15　2匹のアマガエルの発声行動の数学モデル。θ_1、θ_2が2匹のアマガエルの状態を表す

$$\frac{d\theta_1}{dt} = \omega_1 - K\sin(\theta_2 - \theta_1),$$

$$\frac{d\theta_2}{dt} = \omega_2 - K\sin(\theta_1 - \theta_2).$$

ガエルが単独で鳴く時には1秒間に4回程度のリズムでほぼ周期的に鳴きますが、2匹で鳴き交わす時には交互に鳴くという特性です。この時の時間波形の例が図14です。このような2つの周期的発振子が位相差ほぼ180度で交互にリズムを刻む非線形現象を、逆相同期といいます。同期（シンクロナイゼーション）は、様々なシステムに広く見られる現象です（たとえば、蔵本由紀『非線形科学』（集英社）などを参照）。通常の同期は、たとえば「シンクロナイズド・スイミング」のように同じ動きをします。これを同相同期と言います。これに対して、交互に動く同期を逆相同期と言います。このようなきれいな逆相同期が身近に存在するアマガエルの発声行動で発見されたのには、私も結構驚きました。

このようなアマガエルの発声行動に関して、各々の

カエルが単独ではω_1、ω_2という角周波数で鳴いているとして、図15の微分方程式の数学モデルを作ることができます。さらに、2匹が鳴いているときの2匹のカエルの発声の位相の差$\theta_1 - \theta_2$を新しい変数として取って、その微分方程式を図15の方程式から導くと、逆相同期状態が安定平衡点として出てきます。このような同期現象を解析するための数学モデルが、蔵本由紀京大名誉教授によって体系化されて「蔵本モデル」と呼ばれています。

†鳴かないオスアマガエル

基本的にアマガエルは1対1で抱接します。ですが、たとえばモリアオガエルは1匹のメスに多数のオスが群がって抱接します。後者の場合大勢オスがいて、そこにメスが1匹来ればいいわけです。このようなカエルは同相同期して鳴くような気がします。仮説なのですが、どうでしょうか。

また、アマガエルにもずる賢いオスがいます。「サテライト・オス」というらしいのですが、これは、オスたちが競って鳴いているすぐそばにいて、おとなしくしているのです。やがて、鳴き声に引き寄せられてメスが来ます。メスが来たら、他のオスよりも

図 16　前立腺がんの内分泌療法の経過

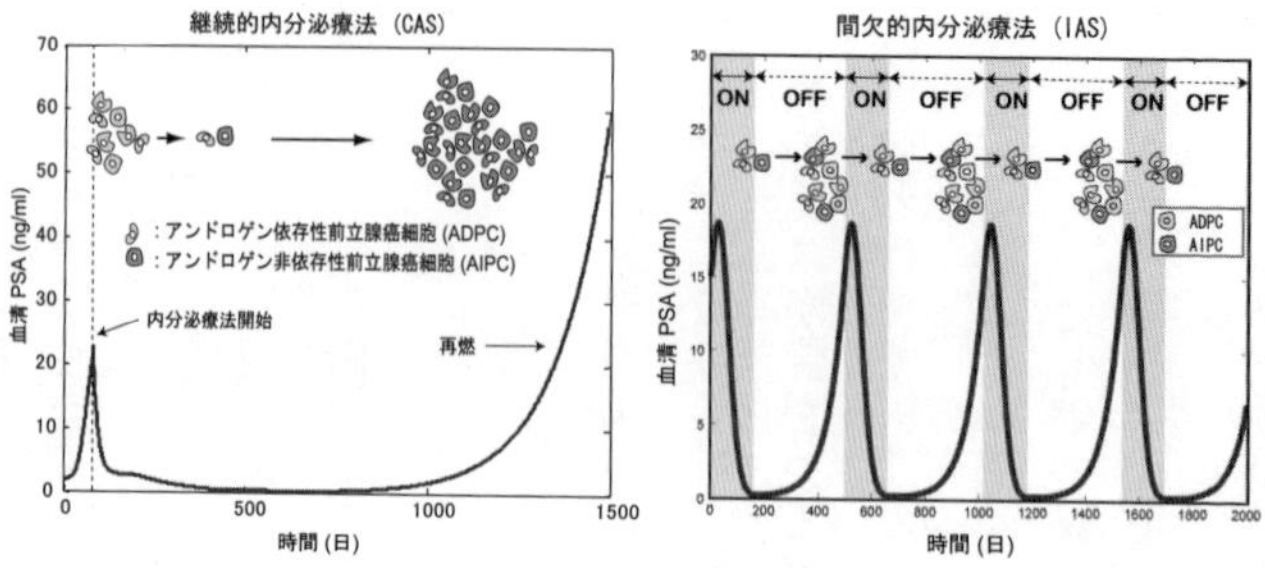

いち早く抱接してしまうのです。自分で鳴くよりもコスト的には有利です。カエルの合唱も、結構奥が深いようです。

†前立腺がんの内分泌療法と再燃現象

3つ目の話題は前立腺がんの話です。前立腺がんの内分泌（ホルモン）療法で有名なブリティッシュ・コロンビア大学のブルコフスキー先生、東大医学部泌尿器科の武内巧先生、東京厚生年金病院泌尿器科の赤倉功一郎先生たちと一緒に研究を行っています。

アメリカでは、前立腺がんは男性のがんの中では死亡率が2番目に多いがんです。日本ではまだ患者数自体は欧米と比べて少ないですが、患者増加率は1位です。

前立腺がんには、男性ホルモンであるアンドロゲンが影響を与えています。アンドロゲンが前立腺を活性化しているのですが、がんになってもそれは続きます。ハギンズが、「前立腺がん自身もアンドロゲン感受性があって、アンドロゲンがあるから増大する」ということを発見し、逆に「アンドロゲンを除去したら前立腺がんを抑えられる」という内分泌療法を提案して、1966年のノーベル生理学医学賞を受賞しています。特に今では薬が進歩したので、薬で去勢と同じ効果を出してアンドロゲンを除去することができます。

前立腺がんには、精度よく計測できる特異抗原があります。「PSA（Prostate Specific Antigen 前立腺特異抗原である糖タンパク質）」といいます。いろいろな論議はありますがPSA値を計測すれば、前立腺がんの早期発見ができます。

内分泌療法は、患者さんへの侵襲が少ないという利点があります。特に我が国では、継続的な内分泌療法が広く使われています。その典型例の様子を図16（左）に示します。例えば、ある程度PSA値が高くなって、検査の結果前立腺がんが見つかったとします。そこで内分泌療法を始めると、多くの場合PSA値は短期間でぐっと下がって正常範囲の小さな値になります。PSAの数値的には、一見ほとんど治ったような状態になるのです。

ところが厄介な問題があります。内分泌療法を継続してアンドロゲンを除去したままにしておくと、しばしば「再燃」というPSA値が再び上昇してくる現象が起きるのです。

なぜこのような現象が起きるのかについてはいくつかの説がありますが、細胞レベルのメカニズムをおおまかにご説明します。通常、最初に出てくる前立腺がんは、普通の前立腺の細胞と同様にアンドロゲン依存性があります。ですからアンドロゲンがあると増え、アンドロゲンを除去すればアポトーシス（細胞が自分から死ぬこと）が増大して、がん細胞が減ります。

しかしながら、内分泌療法を継続してアンドロゲンが少ない状態を維持すると、アンドロゲン非依存性がん細胞が増加してくるようなのです。このアンドロゲン非依存性がん細胞は、アンドロゲンがない状態でも増殖できるがん細胞です。図16（左）の再燃のときは、このがん細胞が増えてしまっていると考えられます。したがって、アンドロゲンを除去していても、前立腺がんが大きくなってしまうわけです。これが大きな問題なのです。

図17　前立腺がんの内分泌療法の数学モデル

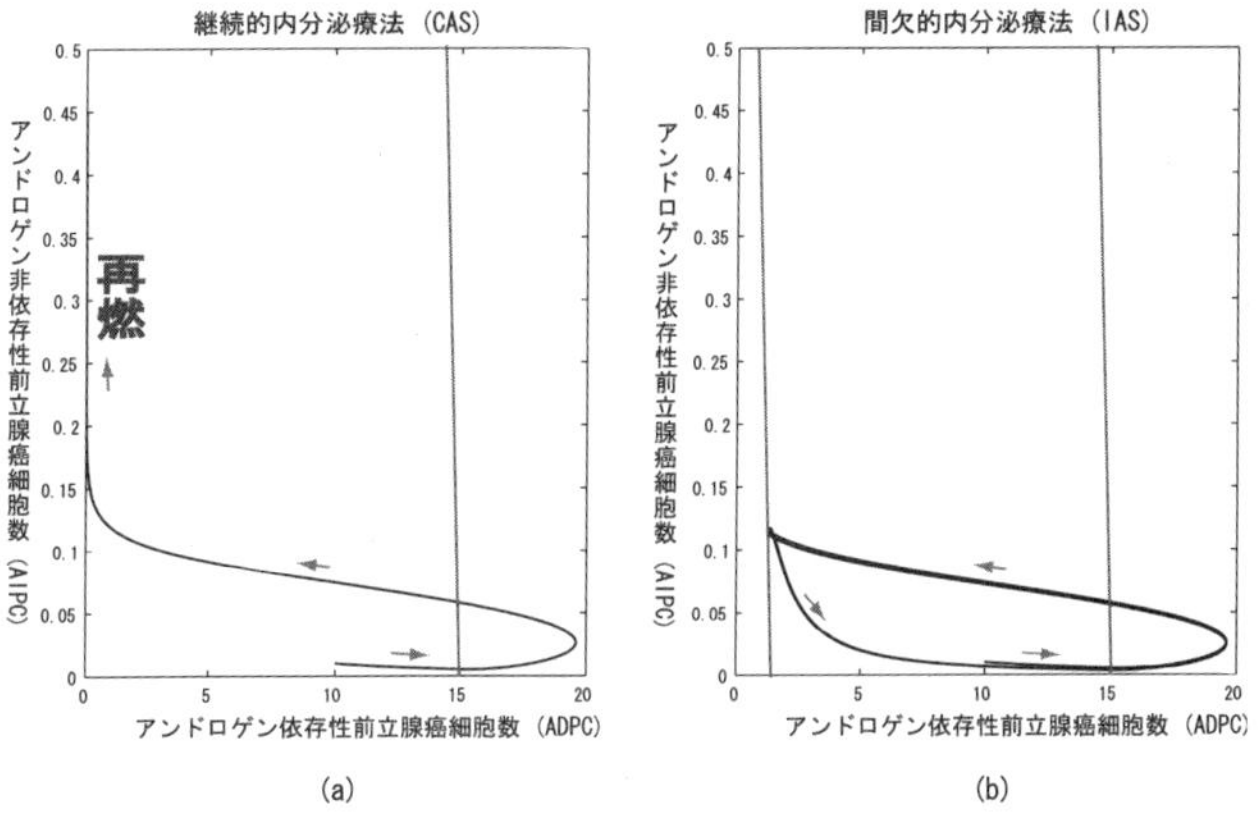

†間欠的内分泌療法とその数学モデル

そこでブルコフスキー先生や赤倉先生たちは、間をあけて薬を服用する「間欠的内分泌療法」を考えました（図16（右））。まず、投薬を開始してアンドロゲンを除去します。すると、多くの場合すみやかにＰＳＡ値は下がります。ここで、十分にＰＳＡ値が下がったら投薬をやめます。やめると、アンドロゲン濃度がまた上がります。するとアンドロゲン依存性のがんがまた増えて、ＰＳＡ値が再び増大します。ＰＳＡ値がある程度のしきい値まで高くなったら、再び投薬を開始します。するとまた、アンドロゲン濃度そしてＰＳＡ値が下がります。これを繰り返すのです。

アンドロゲンを除去している期間は継続的内分泌療法と比べて相対的に短いので、まず副作用が軽減されますし、さらにこのことによりアンドロゲン非依存性のがん細胞があまり増加しないのであればたいへんすばらしい治療法になります。

そこで、間欠的内分泌療法下でアンドロゲン濃度やがん細胞数がどう変化するか、をモデル化した微分方程式を出田亜位子さんたちと作りました。アンドロゲン依存性がん細胞の総数とアンドロゲン非依存性がん細胞の総数の変化を記述する式を書きます。アンドロゲン依存性および非依存性がん細胞の増殖率やアポトーシス率がパラメータとなります。さらに突然変異によって、アンドロゲン依存性がん細胞が非依存性がん細胞に変化すると仮定します。こういう細胞数さらには個体数などの変動を記述する数学モデル研究を、ポピュレーション・ダイナミクスと言います。

私たちが理論的に発見した重要な性質は、アンドロゲンをどの濃度に固定しても、依存性がんか非依存性がんか、どちらかのがんの正味の増殖率（増殖率―アポトーシス率）は必ず正になるという困難な条件下でも、ダイナミカルにアンドロゲン濃度を制御することによって前立腺がん増殖を押さえ得るということです。

この問題を、先に述べた微分方程式の数学モデルを用いて解析しました。アンドロゲン除去のための投薬の停止と再開のタイミングを決める二つのＰＳＡしきい値をうまく設定すると、継続的内分泌療法ではアンドロゲン非依存性がんが増大して再燃が起きるような場合（図17（左））でも、間欠的内分泌療法によってリミットサイクル解（周期振動解）が得られます（図17（右））。この状態では、アンドロゲン依存性がんおよびアンドロゲン非依存性がんの細胞数の極端な増大がともに抑えられます。これが間欠的内分泌療法の成功した場合に対応します。現在はさらに、実際の患者さんのＰＳＡ値の計測データから、その患者さん固有の数学モデルをつくる研究を平田祥人さんや鈴木大慈さんたちと進めています。こういう手法で、患者さんごとの個性に合わせたテーラーメード医療ができるのではないかと考えています。個々の患者さんのＰＳＡ値データをもとに、個人専用の数学モデルを作ることができるからです。より一般的に言えば、このようなダイナミカルな投薬をすれば、様々な病気に対してもよりよい効果が出せるのではないかと思っています。

このように数学モデルによる研究は、多様な実現象を対象としています。

「自然という書物は数学という言語で書かれている」というガリレオの言葉は、今日ますます深みを増してきているように思います。

素数の神秘とその応用

諏訪紀幸（中央大学理工学部教授）

†はじめに

数学は現代社会を支える様々な科学技術を記述する言葉、あるいは理論を確証する科学として重要な役割を果たしています。そして、そのほとんどは物理学と結び付いた解析学が担ってきました。ところが、ここ20年の急激な社会の情報化に伴って、従来は応用が考えられていなかった整数論という数学の分野が脚光を浴びるようになってきました。情報化社会を支える技術には、情報伝達の確実性を保証する符号理論と、情報伝達の安全性を保証する暗号理論がありますが、どちらも整数論や代数幾何学が援用されています。本稿では整数論の歴史を振り返りながら、特に素数の魅力を伝え、最後に整数論がどのように暗号に関わっているのか説明します。

なるべく数学の専門用語や記号を使わないで話を進めますが、正確な表現をするためには数式を使わなければなりません。そこで、本文は物語の文体にして、数学の文章や数表をイラストの代わりに所々はさむことにしました。まずは眺めていただき、興味を引いた所で立ち止まっていただければと思います。

†整数論の源流

人類はいつ頃、数えることを知ったのでしょうか。それは歴史のまどろみの中に隠れて分かりません。1, 2, 3, …と数えることを、そして数を手にしたことは人類の歩みの中でも大きな飛躍の一つでした。

数を手にしてからどれだけの時間が必要だったのか分かりませんが、数と数を足す、数から数を引く、数に数を掛ける、数を数で割ることを手にした文明が幾つか現れました。小石を並べていて気付いたのでしょうか、星を数えていて気付いたのでしょうか、想像するより他はありません。5+2=7、5−2=3、5×2=10、こんな計算は今では小学校で習うことですが、加減乗除の四則を発見したことも大きな飛躍でした。

数を取り扱う技術は文明の発展と緊密に関係していたことでしょう。紀元前3000年から2000年にかけて、ナイル河畔にエジプト文明、チグリスとユーフラテス河畔にメソポタミア文明、黄河河畔に中国文明が勃興しました。考古学資料から、紀元前2000年頃にはどの文明もかなり高度の算術、測量術、暦法を使いこなしていたと推定されています。そのような技術がなければバベルの塔やピラミッドのような巨大建造物は建設できなかったでしょうし、またそれだけの巨大建築を可能にするだけの社会は運営できなかったでしょう。

1, 2, 3, …のように数える数のことを自然数あるいは正の整数とよびます。加法、減法、乗法に比べて除法が難しいことは経験的にご存じでしょう。整数の和差積は整数に収まりますが、除法ではそうは行きません。例えば、5÷2の答は整数になりません。5÷2=2…1それとも5÷2=5/2か。古代文明の人たちも必要に応じて使い分けていたのでしょう。物を分配するとき、穀類や酒類であれば分数や小数の考え方が適用できますが、適用できないこともあります。6は3の倍数である、3は6の約数である、6は3で割り切れる、3は6を割り切る、同じことを表現するのにこれだけの言い方があるのは、社会の中で分配することが重大な関心事であったことの証でしょう。

さて、整数が整数で割り切れる割り切れない、そんな経験を積み重ねて行くうちに整数に2種類あることに気付いた文明がありました。10=2×5、21=3×7、91=7×13とより小さい二つの整数の積として表わせる整数、このような整数を合成数といいます。一方、2, 3, 5, 7, 11 のように1とそれ自身以外に約数をもたない整数。このような整数を素数といいます。

素数は古代文明でも認識されていたようですが、整数の整除についてまとまった形で論述が残っているのは、ユークリッドの『原論』が最初の著述です。ユークリッドは紀元前300年から275年頃にプトレマイオス朝エジプトの首都アレクサンドリアで活躍したと伝えられていますが、その伝記は不明です。

†ユークリッドの原論

アレクサンダー大王の帝国からエジプトを引き継いだプトレマイオス朝は、紀元前30年にローマ帝国に併合されるまで、豊かなナイルの恵みを背景に交易で繁栄を誇りました。プトレマイオス朝は歴代、学問を奨励して、アレクサンドリアは当時の学問の中心地となりました。アレクサンドリアにあった図書館の威容が史書に伝えられています。当時の王プトレマイオス一世がユークリッドに「もっと手っ取り早い幾何学の学び方はないのか」と尋ねたことに対して「幾何学に王道はありません」と答えた逸話は有名です。

図１「原論」第１巻にある三平方の定理の証明

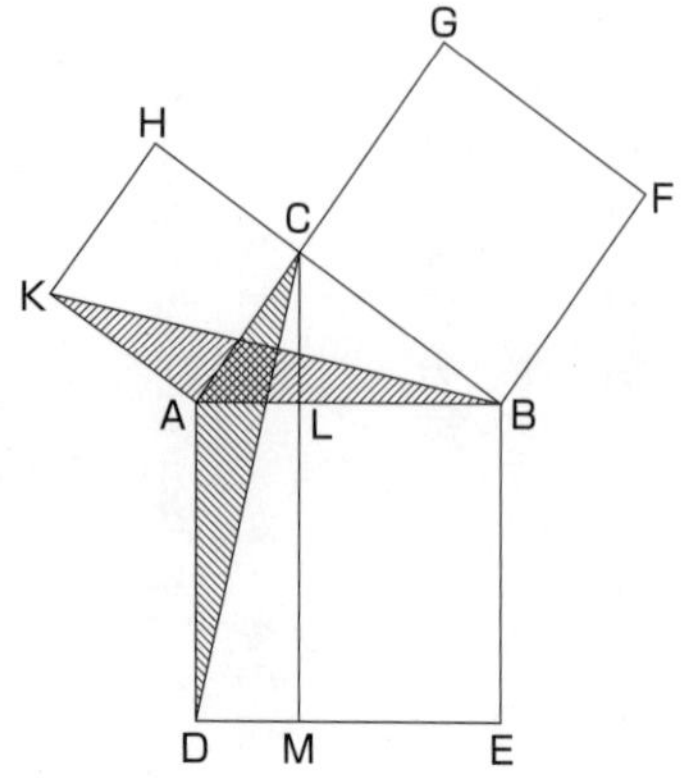

ギリシアでは紀元前６世紀から５世紀にかけてターレスやピタゴラスが活躍した頃から論証を軸とした数学が独自に発展を遂げました。ユークリッドの『原論』はそれまでの成果をまとめたものと考えられています。『原論』は13巻からなっていて、第１巻から第６巻まででは平面幾何、第７巻から第10巻まででは数論、第11巻から第13巻まででは立体幾何について書かれています。第１巻はピタゴラスの定理ともよばれる三平方の定理の証明で締め括られています（図１）。図１を教科書や参考書でご覧になった読者も多いことでしょう。等積変形と三角形の合同を組み合わせた見事な論証

です。第1巻の最後に三平方の定理をおいた、そしてこの証明を付したことに、ユークリッドの美感を感じます。

また、最後の第13巻は正四面体、立方体、正八面体、正十二面体、正二十面体の正多面体について詳しくその性質が述べられていて、最終巻にふさわしい壮麗な内容となっています。個別の数学的事実をただ並べるだけではなく、論証を連ねて体系として数学の理論を記述した『原論』は後世の学問的著作の規範となりました。

†ユークリッドの互除法

第7巻の最初に、約数、倍数、素数、合成数、平方数の定義が述べられています。例えば、「素数とは単位によってしか測れない数である」と定義されていますが、整数の整除の問題が度量衡による計測にその起源の一つがあったことが推測されます。平方数は$1^2=1$、$2^2=4$、$3^2=9$、$4^2=16$、$5^2=25$のように整数の平方として表わせる整数のことです。この言葉が面積の測定にその起源をもつことは疑いありません。ついでながら、$1^3=1$、$2^3=8$、$3^3=27$、$4^3=64$、$5^3=125$のように整数の立方として表わせる整数を立方数といいます。

図２　ユークリッドの互除法の例

2008 ÷ 512 = 3 … 472

512 ÷ 472 = 1 … 40

472 ÷ 40 = 11 … 32

40 ÷ 32 = 1 … 8

32 ÷ 8 = 4 … 0

被除数,除数,剰余を次々に入れ換えて整除を実行する。剰余が0になった時にアルゴリズムを停止。以上の計算によって2008と512の最大公約数は8であることが分かる。

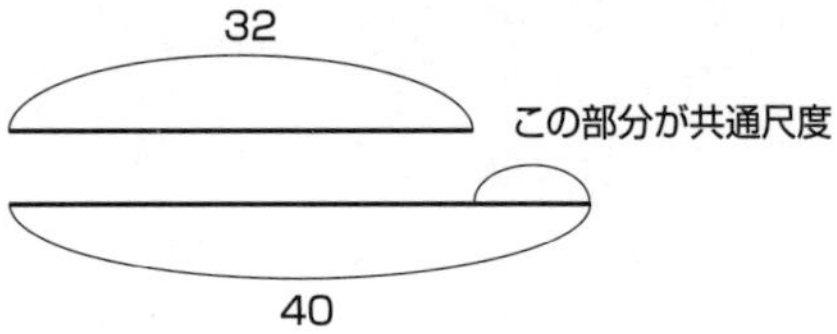

第7巻の最初の二つの命題では、今日ユークリッドの互除法とよばれる、二つの整数の最大公約数を求める方法が述べられています（図2）。『原論』では最大公約数は共通尺度とよばれていて、ユークリッドの互除法の起源が度量衡の比較にあったのではないかと推測されます。例えば、32と40、どちらも8で割ると4と5、だから、32と40の最大公約数は8だと求めるのが、小学校では普通でしょう。ユークリッドの互除法では、40-32=8、8は32も40も割り切る、だから、8が32と40の最

大公約数だと計算します。何やら、違う物指しを持つ商人たちが共通の尺度を求める雰囲気があります。

ユークリッドの互除法は文献に残っている限り、人類が最初に手にしたアルゴリズムです。この言葉は最近巷間でも流布していますが、実行すると有限時間後に期待した結果が出る決まった手順をアルゴリズムとよんでいます。数学におけるアルゴリズムは、当たり前のことですが、すべて数学的な論証で裏付けられています。

普通、中学校では素因数分解を用いて最大公約数を求める方法が教えられていますが、桁数が増えれば素因数分解は急激に困難になります。一方、ユークリッドの互除法は桁数が増えてもそれ程計算量は増えない、非常に効率の良いアルゴリズムで、それが暗号や符号のプログラムが高速に動く一つの根拠を与えています。

第7巻の論述は数式で表現すれば、今日の大学の代数学教程でも通用する程の完成度を誇っています。そして、最後は整数の素因数分解を示唆する命題に到達しています。素因数分解は2008=2×2×2×251、423=3×3×47のように整数を素数の積として表わすことですが、不便な記数法でここまで達しているのには驚かされます。

図３　素数が無限に存在することのユークリッドによる証明

Aを2以上の整数，$\{p_1, p_2, \cdots, p_r\}$をA以下の素数全体とし，$N=p_1p_2\cdots p_r+1$とおく．$q$を$N$の素因数とする．$q\leqq A$と仮定すれば，$p_1, p_2, \cdots, p_r$の取り方から$q=p_i$となる$i$が存在する．しかし，$N$を$q=p_i$で割った時の剰余は1なので，$q$が$N$の素因数であることに反する．したがって，$q>A$．整数$A$は任意に取れるので，素数は無限に存在する．

†素数は無限に存在する

そして、もっと驚くことに、第９巻で「素数が無限に存在する」ことが証明されています。現代の表現法でユークリッドによる証明を書き換えましたが、素数を掛け合わせて１を加える、簡明な発想に基づく実に見事な論証です（図３）。

クレオパトラはプトレマイオス朝最後の女王ですが、エリザベス・テーラー主演の「クレオパトラ」をご覧になった読者は手漕ぎのガレー船の戦闘場面を覚えておられるかもしれません。ギリシアやエジプトが高度の文明を誇っていたといっても、海の行き来は帆船やガレー船でした。そんな時代にユークリッドは時空を越えて通用する思弁を展開したのです。ちなみに、リチャード・バートン扮するシーザーとエリザベス・テーラー扮するクレオパトラは英語で話していましたが、実際にはシーザーとクレオパトラはギリシア語で会話していたと想像されます。ギリシア語はローマ帝国が地中海世界に覇権を打ち立ててからも東地中海世界の公用語でした。

†エラトステネスのふるい

素数を実際に探し出す方法としては「エラトステネスのふるい」が伝わっています。2の倍数、3の倍数、5の倍数と順に素数以外の素数の倍数をふるい落として素数を見出す方法です（図4）。エラトステネスはユークリッドに半世紀遅れて活躍した学者で、当時の学問の世界では最高職であるアレクサンドリアの図書館長を務めました。史上初めて地球の周の長さを計算した業績も伝わっています。紀元前3世紀のヘレニズム世界で地球は球体であることは少なくとも学者の世界では常識だったのですが、それが中世ヨーロッパに引き継がれなかったのは何故でしょうか。

ギリシア数学あるいはヘレニズム数学ではユークリッドの『原論』以降、アルキメデスの求積法、アポロニウスの円錐曲線論という輝かしい成果がありましたが、それに比べて代数学に関してはめぼしい結果は残っていません。数の表記法が位取り法でなかっ

図４　エラトステネスのふるい

	2	3	4	5	6	7	8	9	10
11	12	13	14	15	16	17	18	19	20
21	22	23	24	25	26	27	28	29	30
31	32	33	34	35	36	37	38	39	40
41	42	43	44	45	46	47	48	49	50
51	52	53	54	55	56	57	58	59	60
61	62	63	64	65	66	67	68	69	70
71	72	73	74	75	76	77	78	79	80
81	82	83	84	85	86	87	88	89	90
91	92	93	94	95	96	97	98	99	100

2以外の2の倍数をふるう ⇒

	2	3	5	7	9
11		13	15	17	19
21		23	25	27	29
31		33	35	37	39
41		43	45	47	49
51		53	55	57	59
61		63	65	67	69
71		73	75	77	79
81		83	85	87	89
91		93	95	97	99

3以外の3の倍数をふるう ⇒

	2	3	5	7	
11		13		17	19
		23	25		29
31			35	37	
41		43		47	49
		53	55		59
61			65	67	
71		73		77	79
		83	85		89
91			95	97	

5以外の5の倍数をふるう ⇒

	2	3	5	7	
11		13		17	19
		23			29
31				37	
41		43		47	49
		53			59
61				67	
71		73		77	79
		83			89
91				97	

7以外の7の倍数をふるう ⇒

	2	3	5	7	
11		13		17	19
		23			29
31				37	
41		43		47	
		53			59
61				67	
71		73			79
		83			89
				97	

次に11の倍数をふるうことになるが，$11^2=121>100$なので，これで100以下の素数はすべて求められた．

図５　「周髀算経」にある三平方の定理

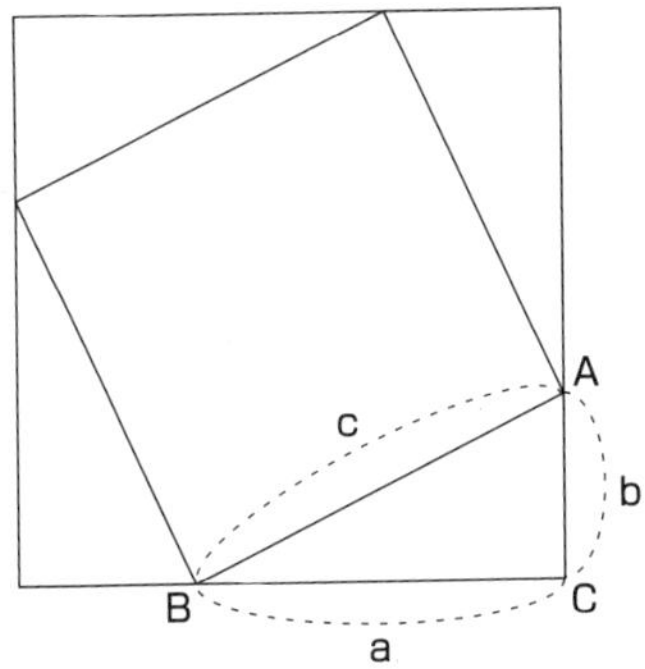

たこと、文字式がなかったことが、代数学の発展を妨げたと想像されます。ただ、紀元３世紀に著されたディオファントスの『算術』は異彩をはなっています。

†古代中国の算術

中国文明と他の文明にどのような交流があったのか明らかではありませんが、中国でも数学は独自の発展を遂げました。算術というよりは天文の最古の書『周髀算経《しゅうひさんけい》』は紀元前10世紀に編まれたとも推定されています。その中に三平方の定理の発想が記されています（図５）。また、紀元１世紀、漢の時代に著された『九章算術』はそれまでの成果をまとめたものと考えられていますが、例えば、

図６　中国剰余定理の例

	0	1	2	3	4	5	6	7	8	9	10
0	0	45	35	25	15	5	50	40	30	20	10
1	11	1	46	36	26	16	6	51	41	31	21
2	22	12	2	47	37	27	17	7	52	42	32
3	33	23	13	3	48	38	28	18	8	53	43
4	44	34	24	14	4	49	39	29	19	9	54

0以上55未満の整数を5で割った時の剰余と11で割った時の剰余で振り分けると，すべての組み合わせが尽くされる．5と11の最大公約数が1であることが利いている．

連立一次方程式の掃き出し法による解法が示されていて、２０００年前にこれだけの代数学に達していたことに驚かされます。ちなみに、筆者は理工系学部であれば大学１年次の必修科目である線型代数学をほとんど毎年担当しています。ゴールデンウィークが明ける頃に連立一次方程式の掃き出し法による解法に進むのですが、行列の理論を理解する作業の一環とはいえ、２０００年前の数学を勉強しているわけで、これは立派な古典教育なのかもしれません。

さて、「あるクラスでバスケットのチーム分けをしたら２人、野球のチーム分けをしたら１人、サッカーのチーム分けをしたら４人余った。このクラスには生徒が何人いるか」

というような問題は日常よくあることでしょう。このような問題を連立合同方程式とよびますが、連立合同方程式の解法がこれも漢代に著された『孫子算経《そんしさんけい》』に説明されています。近世以降のヨーロッパ数学に先立つこと2000年近く、論証はともかく一つのアルゴリズムを得ていたことは、漢代の算術の水準の高さを示す典型例です。そんな由来があって、連立合同方程式の解法の根拠となる定理を中国剰余定理と言い習わしています（図6）。

†アラビアからルネッサンス・イタリアに、そしてヨーロッパに

ローマ帝国は地中海を内海とする空前絶後の帝国でしたが、その遺領の各地にローマ人が建築技術では天才であったことを偲ばせる遺跡が残っています。ところが、不思議なことに、高度に数学を発展させた東地中海世界を領土にしながら、ローマ人が数学を独自に発展させた形跡はありません。ローマ帝国崩壊後、粗雑な言い方ですが、中世ヨーロッパは科学の暗黒時代にはいります。しかし、幸いに7世紀に成立したイスラム教とともに勃興したアラビアが文化の継承者となりました。イスラム教王であるカリフは歴代、学問を奨励し、イスラム帝国の首都バグダードは当時の政治経済文化の中心地とし

て13世紀まで栄えました。

数学でもギリシアの遺産を継承し、インドから伝わった数学を取り入れて代数学で独自の発展を遂げました。算用数字はアラビア数字ともよばれます。0を用いた位取り記数法は今では当たり前過ぎてありがた味を感じないかもしれませんが、時計板や番号付けにかろうじて残っているローマ数字による算数ではとても今日の複雑な社会は維持できません。0の発見も大きな飛躍でした。ちなみに、アルゴリズムという言葉は9世紀に代数学の書物を著したアル・フワーリズミに由来しています。

中世ヨーロッパは数学に限らず学問全体でアラビアの後塵を拝していました。しかし、商工業の発展に伴い、アラビアから数学を含む学問を移入、最初のまとまった成果は12世紀から13世紀にかけてイタリアで活躍したピサのレオナルドが著した『算板の書』です。レオナルドは別名フィボナッチ、1, 1, 2, 3, 5, 8, 13, 21, …という数列はフィボナッチ数列として彼の名前を残しています。

以降、イタリアでは数学が急激に発展しますが、その中でも特筆すべきは15世紀から16世紀にかけて、フェロ、タルタリア、カルダノ、フェラリが三次方程式と四次方程式の解の公式を発見したことです。紀元前20世紀頃のメソポタミアで二次方程式の解法が知られていたようで、２から３に行くのに３５００年を要したわけです。四次方程式の解の公式はカルダノの弟子フェラリが発見したので、３から４までは師と弟子の世代で成し遂げられたことになります。それなら五次方程式はとなるのですが、19世紀前半のアーベルとガロアによる代数方程式の可解性に関する研究まで２５０年を要しました。駆け抜けるように数学を研究して若くして逝った二人の天才の生涯は数学史の中でもことに感動に満ちた話ですが、本稿とは別の物語です。

†フェルマーの予想

整数論は多くの数学者が研究に取り組んでいる数学の一大分野ですが、フランスのトゥルーズで法曹を生業としていたフェルマー（１６０１〜１６６５）が今日に直接つながる整数論の元祖に当たります。フェルマーは光学の「フェルマーの原理」でも名前を残していますが、整数の研究ではほとんど独力でギリシア数学やアラビア数学からの飛翔を果たしました。ディオファントスの『算術』が、１６２１年に人文学者バシェによってギリシア語・ラテン語対訳の形で註解が付けられて出版されました。フェルマーはこのバシェ版『ディオファントス算術』を生涯の愛読書として、欄外に数々の重要な書き

図７　フェルマーの予想～ワイルスの定理

nを3以上の整数とする．このとき，$X^n+Y^n=Z^n$をみたす
正の整数X, Y, Zは存在しない．

込みを残しました。
その中で最も有名なものが、「立方を二つの立方に、二重平方を二つの二重平方に分かつこと、一般に平方より大きい任意の冪《べき》（一つの数を繰り返し掛け合わせて得られた数）を二つの同じ冪に分かつことはできない。このことについて驚くべき証明を見付けたが、この余白はそれを記すには狭すぎる」という書込みです。ここで述べられている命題はフェルマーの大定理とよばれ、その証明は３５０年間難攻不落の難問でした（図７）。19世紀のクンマーによる研究で飛躍的な進展を遂げ、それ以降、クンマーの手法を引き継いだ研究が積み重ねられてきました。さらに、１９８０年代にフェルマー予想は楕円曲線に関する志村谷山予想と関連があるという画期的な発見がありました。志村谷山予想は整数論と代数幾何学にまたがる深遠な予想で、この発見はフェルマー予想の深さを改めて認識させる

図８　紐を折って直角を作る

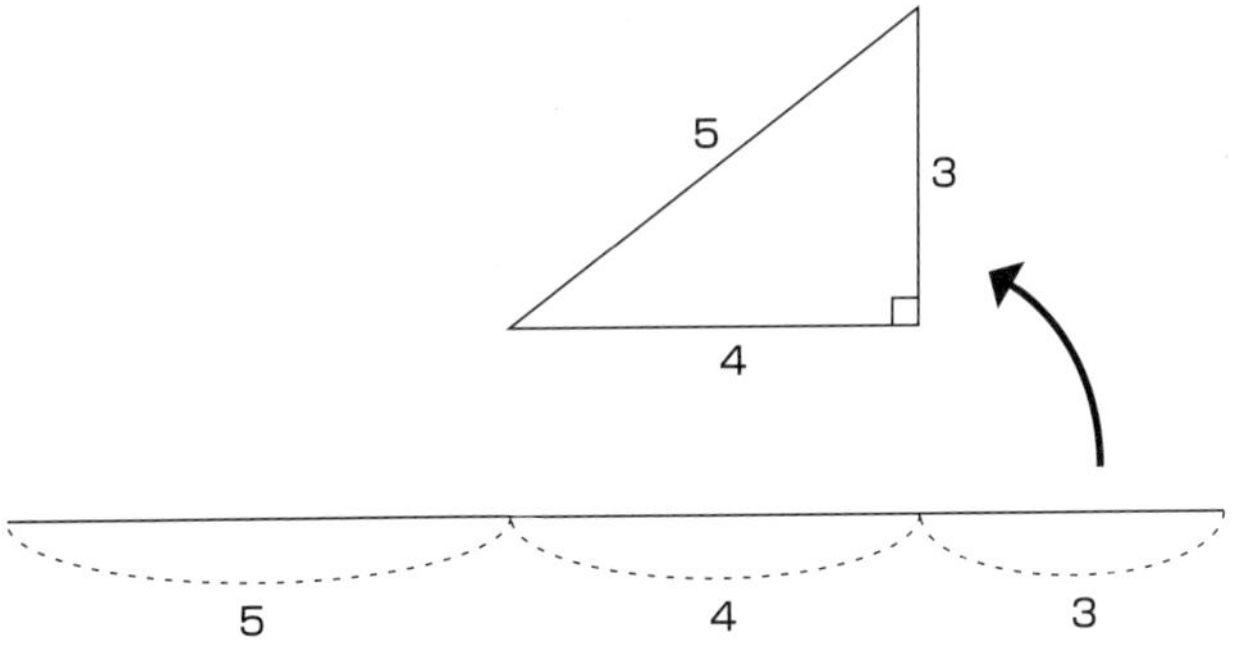

図９　整数の長さの辺をもつ直角三角形の定理

X, Y, Zを正の整数とする．$X^2+Y^2=Z^2$が成立するなら，必要であればXとYを入れ換えると，$X=s^2-t^2$, $Y=2st$, $Z=s^2+t^2$となるように整数s, tが取れる．

ものでした。しかし、志村谷山予想も難問で、それが近い将来に解決できるとは一人を除いて誰も思っていませんでした。その一人であったワイルスが１９９４年にフェルマー予想の解決を含む形で志村谷山予想の証明を完成しましたが、最新の代数幾何学の技法を駆使していて、技術的な背景まで書けば１０００頁でも２０００頁でも足りないくらいで、確かに余白は狭すぎました。

この書込みは『ディオファントス算術』第2巻にある、整数の辺をもつ直角三角形に関連する不定方程式に関する問題に対するものです。辺の長さ3、4、5である直角三角形はその数の並び方が簡単なこともあって中学校の教科書にも記載されていますが、確かに9+16=25で三平方の定理が成立しています。古代エジプトでは紐を3、4、5に折って直角を作っていました（図8）。整数の長さの辺をもつ直角三角形については『九章算術』に幾つか例が挙げられ、ピタゴラスは勿論のこと、哲学者プラトンも考察したと伝えられています。決定的な結果はユークリッドとディオファントスによって得られました（図9）。

しかしながら、もっと驚くべきことに古代メソポタミアの粘土板から整数の長さの辺をもつ直角三角形の表が発見されました（図10）。この粘土板は「プリンプトン３２２」

図 10　プリンプトン３２２の表

s	t	$X=s^2-t^2$	$Y=2st$	$Z=s^2+t^2$
12	5	119	120	169
64	27	3367	3456	4825
75	32	4601	4800	6649
125	54	12709	13500	18541
9	4	65	72	97
20	9	319	360	481
54	25	2291	2700	3541
32	15	799	960	1249
81	40	4961	6480	8161
60	30	2700	3600	4500
48	25	1679	2400	2929
15	8	161	240	289
50	27	1771	2700	3229
9	5	56	90	106

X, Y, Zが直角三角形の辺．プリンプトン３２２の表に整数の長さの辺をもつ直角三角形の定理の整数s，tを追記．

とよばれていて、紀元前19世紀から16世紀頃に刻まれた、もっと大きな表の一部であると推定されています。その内容を見るとこの表を刻んだ人たちは何か体系的な方法を知っていたと考えざるを得ません。

ちなみに、古代メソポタミアの人々は六十進法を採用していたことが解明されています。九九・八十一ならぬ五十九五十九・三千四百八十一とでも計算していたのでしょうか。六十進法を採用したのは、1年365日に360が近いこと、60は2でも3でも5でも割り切れることからと推定されます。一周角が360度、1時間が60分、1分が60秒であるのはメソポタミアからの遺産です。

†フェルマーの業績

『ディオファントス算術』では平方数や立方数に関する問題が多く取り上げられていますので、フェルマーの書込みも平方数や立方数を扱ったものが多く、フェルマーの深い洞察をうかがわせます。その中で素数が絡む観察を紹介しますと、平方数と平方数の倍数の和として表わせる素数に一定のパターンがあることに気付きました（図11）。

整数に関する問題はパズルまがいのものもあり、このフェルマーの観察も数の遊戯に

図 11　フェルマーの観察

(a) $4n+1$の形の素数は

$5=1^2+2^2$, $13=2^2+3^2$, $17=1^2+4^2$, $29=2^2+5^2$, $37=1^2+6^2$,…

とa^2+b^2の形に表わせるが，$4n+3$の形の素数は表わせない．

(b) $3n+1$の形の素数は

$7=2^2+3\times1^2$, $13=1^2+3\times2^2$, $19=4^2+3\times1^2$, $31=2^2+3\times3^2$, $37=5^2+3\times2^2$,…

とa^2+3b^2の形に表わせるが，$3n+2$の形の素数は表わせない．

(c) $8n+1$, $8n+3$の形の素数は

$3=1^2+2\times1^2$, $11=3^2+2\times1^2$, $17=3^2+2\times2^2$, $19=1^2+2\times3^2$, $41=3^2+2\times4^2$,…

とa^2+2b^2の形に表わせるが，$8n+5$, $8n+7$の形の素数は表わせない．

過ぎないと思われるかもしれません。また、フェルマーは大定理に限らず、証明を書き残していない定理が多く、平方数と平方数の倍数の和として表わせる素数に関する定理にも証明は残っていません。しかし、フェルマーは鉱脈を掘り当てたのでした。すべて証明され、その証明のために数学が鍛えられました。また、立方数に関する問題では楕円曲線に関する代数幾何学の深い研究につながる発見をしていて、ここでもフェルマーの洞察の確かさが示されています。

さて、素数に関する定理でフェルマーの結果として最も有名なものは「pが素数、aが整数なら a^p-a はpで割り切れる」「pが素数、aがpで割り切れない整数なら $a^{p-1}-1$ はpで

割り切れる」というフェルマーの定理です。例えば、$10^6-1=999999=7\times142857$。この結果は初等整数論の定番で、応用の多い定理です。後で説明しますが、暗号にも利用されています。でも、自分の定理が３００年経ってから暗号に利用されるとは思ってもいなかったことでしょう。

†オイラーの業績

さて、フェルマーの整数に関する研究は当時の数学の世界に理解されたとは言いがたい状況でした。少し時代が遅れますが、ニュートン（１６４２～１７２７）が主著『自然哲学の数学的原理』でガリレイの運動論、ケプラーの惑星の運動法則、ホイヘンスの振動論などを統合する、いわゆるニュートン力学を確立して、科学のパラダイムの変革をもたらします。数学の分野では微分積分法の発見が特筆すべき業績です。微分積分法は物理学への応用もあって、従来の代数学、幾何学に加えて数学の第三の分野である解析学として急速な進展を遂げました。その中でフェルマーの整数に関する研究は時流に乗らなかったようです。

しかし、幸いなことに18世紀の数学界に君臨したオイラー（１７０７～１７８３）がフェ

図12　素数が無限に存在することのオイラーによる証明の発想

各素数pに対して無限等比級数の公式

$$\frac{1}{1-\frac{1}{p}}=1+\frac{1}{p}+\frac{1}{p^2}+\frac{1}{p^3}+\cdots$$

が成立する．この等式をp=2,3,5,…と次々に掛け合わせて

$$\frac{1}{1-\frac{1}{2}}\frac{1}{1-\frac{1}{3}}\frac{1}{1-\frac{1}{5}}\cdots\frac{1}{1-\frac{1}{p}}\cdots=$$
$$\left(\frac{1}{1}+\frac{1}{2^1}+\frac{1}{2^2}+\cdots\right)\left(\frac{1}{1}+\frac{1}{3^1}+\frac{1}{3^2}+\cdots\right)\left(\frac{1}{1}+\frac{1}{5^1}+\frac{1}{5^2}+\cdots\right)\cdots\left(\frac{1}{1}+\frac{1}{p^1}+\frac{1}{p^2}+\cdots\right)\cdots$$

を得る．右辺を分配法則によって展開すると素因数分解の一意性から

$$\frac{1}{1-\frac{1}{2}}\frac{1}{1-\frac{1}{3}}\frac{1}{1-\frac{1}{5}}\cdots\frac{1}{1-\frac{1}{p}}\cdots=\frac{1}{1}+\frac{1}{2}+\frac{1}{3}+\cdots+\frac{1}{n}+\cdots$$

を得る．右辺は発散するので，素数は無限に存在する．この議論はこのまま不正確であるが，実数$s>1$に対しては収束する無限積と無限和の等式

$$\prod_{p\text{は素数}}\frac{1}{1-\frac{1}{p^s}}=\sum_{n=1}^{\infty}\frac{1}{n^s}$$

が成立する．さらに，オイラーは何とも神秘的な等式

$$\prod_{p}\frac{1}{1-\frac{1}{p^2}}=\sum_{n=1}^{\infty}\frac{1}{n^2}=\frac{\pi^2}{6},$$
$$\prod_{p}\frac{1}{1-\frac{1}{p^4}}=\sum_{n=1}^{\infty}\frac{1}{n^4}=\frac{\pi^4}{90},$$
$$\prod_{p}\frac{1}{1-\frac{1}{p^6}}=\sum_{n=1}^{\infty}\frac{1}{n^6}=\frac{\pi^6}{945},$$
$$\vdots$$

を示した．

ルマーの遺産を引き継ぎ、さらに豊かなものとしました。フェルマーの定理や平方和の定理に証明を付けたのはオイラーです。数学のあらゆる分野でそして物理学で超人的な業績を残したオイラーの全集は何と100巻にもなろうという分量です。したがって、オイラーの公式とよばれるものは文字通り五万とありますが、その中で素数の研究で画期的な等式を見出して、そして、素数が無限に存在することの別証を与えました（図12）。この仕事は整数論に解析学を応用する解析的整数論の端緒となりました。これは数式をご覧いただくしかありません。

フェルマーの時代に比べてオイラーの時代には、数学の記号が整備されて格段に数学が考えやすくなりました。理工学者にとって数式の記号によって記述される数学は、おそらく母語に次いで思考を支える言語でしょう。音楽家が譜面を見て楽曲を思い浮かべられるように、科学者は自分の分野であれば数式の意味する所を読み取ることができます。

†ガウスの業績

オイラーを継いで数学界に君臨した数学者と言えばラグランジュ（1736〜

図 13　合同式

nを2以上の整数，a，bを整数とする．a-bがnで割り切れるとき，
$a \equiv b \bmod n$と表わす．$\equiv \bmod n$はあたかも等号=のようにふるまい，和差積の議論が機動的にできる．合同式を使うと，フェルマーの定理は

pを素数，aを整数とする．このとき，$a^p \equiv a \bmod p$が成立する．

pを素数，aをpで割り切れない整数とする．このとき，$a^{p-1} \equiv 1 \bmod p$が成立する．

と表現できる．

図 14　平方剰余の相互法則

pを3以上の素数，aをpで割り切れない整数とする．$c^2 \equiv a \bmod p$となる整数cが

取れるときは $\left(\frac{a}{p}\right)=1$,

取れないときは $\left(\frac{a}{p}\right)=-1$

と表わす．$\left(\frac{a}{p}\right)$の値の分布は素数pによって不規則であるが，平方剰余の相互法則は，素数を組み合わせると

p, qを相異なる3以上の素数とする．

このとき，$\left(\frac{q}{p}\right)\left(\frac{p}{q}\right)=(-1)^{\frac{p-1}{2}\frac{q-1}{2}}$が成立する．

という簡潔で美しい関係があることを言っている．

図 15　素数定理

実数xに対してx以下の素数の個数を$\pi(x)$で表わす．例えば，$\pi(100)=25$，$\pi(1000)=168$，$\pi(10000)=1229$．素数定理は$\pi(x)$の漸近的な挙動

$$\lim_{x\to\infty}\frac{\pi(x)}{\frac{x}{\log x}}=1$$

を言っている

１８１３）です。ラグランジュも数学全般でそして物理学で大きな業績を残しました。整数論への寄与も多々あります。そして、次に数学の王の称号が相応しいのはガウス（１７７７～１８５５）です。ガウスもこれまた数学のあらゆる分野でそして物理学で大きな業績を残しました。現在は使われていませんが、磁気の単位ガウスを耳にした読者もおられることでしょう。

ガウスは１８０１年に『整数論講義』を公刊しましたが、この著作によって整数論は新時代を画することになりました。『整数論講義』はユークリッドの『原論』に匹敵する堂々たる著述ですが、例えば、正十七角形が定規とコンパスによって作図されることの奥に潜む数理を解明しています。また、合同式の導入は整数の取り扱いに機動性をもたらしました（図13）。後半で、平方数と平方数の倍数の和として表わされる素数に関する

フェルマーの結果は、調和にみちた数理の顕れであることを示しました。ここでは『整数論講義』で初めて厳密な証明が与えられた「平方剰余の相互法則」が重要な役割を果たすのですが、この定理は素数の世界の調和を示す典型例です（図14）。

また、ガウスは素数がどの程度の無限で分布しているのか予想を立てました。その予想は19世紀末にアダマールとド・ラ・ヴァレプサンによってほとんど同時に独立に証明され、素数定理と呼ばれています（図15）。この証明の出発点はオイラーの仕事です。素数の分布は個々には不規則ですが、全体としては対数函数によって簡潔に表現されることは、素数の神秘の一つと言えましょう。

†それから今日まで

ガウスの業績がブレークスルーとなって、19世紀ドイツは整数論の分野では錚々たる人材を輩出しましたが、ヒルベルト（１８６２〜１９４３）が１８９７年に『整数論報告』でそれまでの代数的整数論の重要な結果を一つの体系にまとめあげました。それをいち早くものにしたのが、高木貞治（１８７５〜１９６０）です。高木貞治はヒルベルトの仕事を受け継ぎ、平方数と平方数の和として表わされる素数に関するフェルマーの結果を極限まで一般化した「類体論」を完成させました。

第二次大戦前に欧米以外で数学が世界水準に達していたのは日本だけと言ってもいいのですが、高木貞治が整数論で一挙に最高水準の研究を成し遂げたことは日本の数学にとっては計り知れない幸運でした。数学に限らず欧米の科学技術を取り入れて自らのものにできた、例えば、自前で鉄道網を完成させることができた、これを可能にしたのは何なのか、歴史に学ぶべき時かもしれません。

戦争の痛手からまだ立ち直っていなかったであろう1955年に日光で整数論の国際シンポジウムが開催されました。若手の志村五郎と谷山豊の研究は注目を浴びましたが、そこで整数論と代数幾何学にまたがる志村谷山予想が提示されました。その志村谷山予想の解決がフェルマー予想の解決を導いたことは紹介しました。ここ20年余、毎年、京都大学数理解析研究所で「代数的整数論とその周辺」という研究集会が開催されています。それに出席しますと、整数論の研究者の層の厚さを感じますし、毎年優秀な新人が現れてそこだけ見れば日本の数学も安泰だと思われます。しかし、マスコミの取材があったという話は聞いたことがありません。とにかく内容が一般社会から見れば地味で、実用ともほとんど無縁だからです。これが整数論のこれまでの典型的な姿でした。

†情報社会を支える符号理論と暗号理論

ところが、ここ20年程の情報社会の急激な発展ですっかり様子が変わって来ました。情報社会を支える2本の柱である、情報伝達の確実性を保証する符号理論と、情報伝達の安全性を保証する暗号理論、その理論的根拠として整数論や代数幾何学が利用されています。

最近では当たり前のように携帯電話が使われていますが、いちいち電話機のある所まで出向かないで、どこからでも電話できる。こんなことは四半世紀前には、ドラえもんのどこでもドアではありませんが、現実に手にできるとはとても想像できないことでした。もちろん、携帯電話はドラえもんのポケットから「ほい、のび太君」と出されたものではなくて、その実現には多くの最新技術が投入されています。

例えば、携帯電話は微弱な電磁波で音声やメイルなどの情報を受け送りします。電磁波が伝わる空間はノイズに満ちていますが、その中で微弱な電磁波で情報を送り届けるには何らかのからくりが必要です。スペクトル拡散はそのからくりの一つですが、その理論的根拠は解析学の主要な技法の一つであるフーリエ解析によって記述されます。さらに元を辿れば、電磁気学における基本法則はマクスウェルの方程式とよばれる微分方程式によって表現されていて、解析学が不可欠の言葉になっています。

しかし、スペクトル拡散のような技術を用いても情報データが送信中にダメージを受けることは避けられません。そこでダメージを受けた情報データをある範囲であれば修復できる誤り訂正符号の技術が利用されています。符号理論は代数曲線の理論を取り入れてから長足の進歩を遂げました。代数曲線は代数幾何学の対象ですが、符号理論で応用される代数曲線は整数論の対象でもあります。

また、情報がどんなに正確に伝達されたとしてもそれだけでは実用にならない時があります。インターネットの上で決済をするとき、例えばクレディットカードの番号を先方に伝えなければならない。その時にそのまま情報を送ると途中でその情報が盗み取られる危険性があります。インターネット上で決済したことのある読者は重要な情報を送信する時に、その情報は暗号化して送信される、これこれの暗号方式を採用しているという断り書きが画面に記載されているのを目にされたことがあるかもしれません。今日、様々な暗号方式が開発され、実用化され、情報伝達の安全性を保証しています。この暗号にも整数論が理論的根拠として用いられています。

図16　暗号の図式化

暗号化

平文 ⇄ 暗文（E：平文→暗文、D：暗文→平文）

復号化

秘密鍵暗号　EからDを容易に割り出せる

公開鍵暗号　EからDが容易に割り出せない

†暗号の仕組

発信者から受信者に情報を伝えるときに他者に傍受されても判読できないように文面を変えて伝える。それが暗号の原理です。もとの文章を「平文」、暗号にした文章を「暗文」といいます。平文を暗文にすることを「暗号化」、暗文を平文に戻すことを「復号化」といいます（図16）。

暗号は大きく「特殊暗号」「秘密鍵暗号」「公開鍵暗号」の3種に分類できますが、その基本原理は共通しています。暗号化も復号化も一定の手順で行われます。その手順のことを「鍵」といいます。

特殊暗号では隠語とか特別な言葉や記号を使って情報を伝達します。エドガー・アラン・ポーの「黄金虫」で解読される暗号はその典型的なもので、その解読法も頻度解析とよばれる典型的な暗号解読法です。しかし、このような暗号は広い応用には適しません。

秘密鍵暗号は従来の暗号で、公開鍵暗号ができたので、区別するために秘密鍵暗号と呼ぶようになりました。最も古いものはシーザー暗号と呼ばれる、文字を何文字かずらす方法です。シーザーに倣ってWEDGEの各文字を3文字後ろにずらすと暗文はZHGJHとなります。3文字前にずらすと平文に戻ります。さすがに今では簡単すぎて使われることはありませんが、スタンリー・キューブリック監督の「2001年宇宙の旅」では惑星探査船のスーパーコンピュータがHALと名付けられていて、シーザー暗号が隠し味に効いていました。

実用化された有名な秘密鍵暗号は第二次大戦中、ドイツ軍が使った「エニグマ」でしょう。エニグマを解読すべく英国の俊英が集められました。この暗号解読チームはひっそりとした存在でしたが、エニグマを解読したことが英国がドイツに最終的に勝利する一つの要因であったことは間違いありません。また、米国のかつての標準規格であったDESや現在の標準規格であるAESは秘密鍵暗号の典型的な例です。

インターネットではすべての文字はコードとよばれる整数に置き換えて処理され、それが高速通信を可能にしています。整数といっても、実際はビット列とよばれる信号の列ですが、「数学が変える社会」をユニコードとよばれるコードに変換すると「25968/23398/12364/22793/12360/12427/31038/20250」となります。整数であれば和や積が計算できます。そこで暗号が数学の問題になります。文字化けで困ったことのある読者は多いことと思いますが、コードがソフトによって違うことが原因で、ある意味で暗号の原理の一端を覗いたことになります。

†公開鍵暗号

しかし、秘密鍵暗号だけなら、整数論も代数幾何学も大して必要ではありません。ところが、1970年代に公開鍵暗号が提案され、暗号の歴史においてコペルニクス的転回がもたらされました。秘密鍵暗号では、暗号化の鍵、復号化の鍵、ともに秘密にしなければなりません。復号化の鍵は暗号化の鍵から、それ相応の技術は必要ですが、たやすく割り出すことができます。

しかし、公開鍵暗号では暗号化の鍵から復号化の鍵を割り出すことは、計算機の助けを借りたとしても非常に難しい、事実上不可能であるように設計されています。したがって、復号化の鍵は秘密にしますが、暗号化の鍵は公開できます。この方法ですと、暗号化の鍵を事前に配付する必要はありません。したがって、デジタル署名やデジタル認証へ応用できます。ただ、公開鍵暗号は秘密鍵暗号に比べ処理速度が遅いので、それぞれの長所を活かした形で使い分けをしています。

現在、実用化されている公開鍵暗号は、素因数分解の困難さを安全性の根拠にしているＲＳＡ暗号と、有限体の上の楕円曲線に対する離散対数問題の困難さを安全性の根拠にしている楕円エルガマル暗号の二つです。ＲＳＡは暗号理論では指導的立場にあるリヴェスト、シャミア、エィドゥルマン三人のイニシャルを並べたものです。一方、エルガマルも著名な暗号学者です。どちらも暗号の実現には整数論や代数幾何学の助けが必要です。

譬えて言えば、小麦粉と蕎麦粉がある、これを混ぜることは簡単です。しかし、混ぜ合わせてしまった小麦粉と蕎麦粉を分離することはできません。同じことが数の計算でも言えます。2003×2011=4028033と積を計算することに比べて、4031983や4039733を素因数分解することははるかに手間が掛かります。この程度の桁であれば計算機があれば瞬時に素因数分解できますが、桁数が増えると、例えば１００桁、２００桁になると最新の計算機をもってしても素因数分解に宇宙の年齢以上に時間が必要になる。ＲＳ

図 17　RSA 暗号の数学的根拠

p, qを相異なる素数とし，eを$(p-1)(q-1)$と互いに素な2以上の整数とする．このとき，ユークリッドの互除法によって$ed \equiv 1 \mod (p-1)(q-1)$となるような整数$d$を求めることができる．さらに，中国剰余定理とフェルマーの定理を組み合わせて，任意の整数aに対して$a^{ed} \equiv a \mod pq$が成立することが示せる．
送り手には公開してあるpq, eを用いて$E(M)=M^e \mod pq$によって暗号化する．復号化は$D(C)=C^d \mod pq$によって行なう．$D(E(M))\equiv(M^e)^d \equiv M^{ed} \equiv M \mod pq$なので，復号化できることが保証される．

A暗号はそこを利用して設計されています。

†RSA暗号の仕組

RSA暗号では相異なる素数pとqを秘密鍵にします。一方、積pqと$(p-1)(q-1)$と互いに素な2以上の整数eを公開鍵にします（図17）。p、qの桁が大きくなれば、pqとeからpとqを求めることが非常に困難になるので、pqとeを公開できるわけです。言われれば全くその通り、しかしながら、RSA暗号の原理の発見は暗号理論のパラダイムの変革をもたらしました。

RSA暗号が正しく動く根拠は、2000年以上前に発見されていたユークリッドの互除法と中国剰余定理、そして350年前に発見されたフェルマーの定理です。したがって、RSA暗号は古代ギリシア、古代中国、近世ヨーロッパの数学の遺産を巧みに組み合わせて実現されたわけです。

さて、RSA暗号の原理は初等整数論の範囲に収まるのですが、いざRSA暗号を作成しようとすると、非常に大きな整数が素数であることを速やかに判定すること、素因数分解が困難な素数の組を見出す必要があります。一方、暗号を破る側としては、素因数分解を速やかに実現することが必要になります。いたちごっこですが、素数判定法や素因数分解に関して、計算機の急激な発達と相俟って研究が急速に進みました。最近は、計算整数論として整数論の大きな一分野をなすに至っています。RSA暗号はそもそも素因数分解の困難性にその安全性の根拠をおいていたわけで、素数判定や素因数分解も計算機にただ計算させれば済むというものではなく、有効なアルゴリズムを実現するために整数論の精密な理論が援用されています。

†これから

さて、楕円エルガマル暗号はその原理を知るには楕円曲線の知識が必要で、フェルマーに倣って「とても豊かで美しい理論なのだが、それを記すには余白が狭すぎる」ということで済ませますが、楕円エルガマル暗号の開発でも整数論や代数幾何学が活躍しています。どのような技術にしてもそれを支える裏方がいます。例えば、鉄道の定時運行も当たり前のことではありません。インターネットに代表される情報社会の技術も、それを支える技術者の一群がいて、その人たちに協力している数学者がいることをご理解いただければと思います。

筆者が整数論や代数幾何学を勉強していた学生時代、ちょうど、公開鍵暗号が提案されていた時期でしたが、暗号研究の人たちと交流を持つようになるとは想像もしていませんでした。整数論や代数幾何学が暗号や符号への応用があるということで、これまでと違った視点で問題が提出されるようになりました。何か問題があると、その問題を徹底して考えるのは数学者の性癖です。今すぐには実用化できない結果でも、いつかはブレークスルーをもたらすものが埋もれているかもしれません。

4000年か3000年前、メソポタミアの地で、実用のために作成したであろう、でもそれが図らずも整数の美しさを表現している、プリンプトン322の表を刻んだ人たちに筆者は限りない共感を覚えます。彼らも精緻な作業の疲れを悠久の星空を眺めて癒していたのでしょうか。

ランダムウォーク森羅万象

今野紀雄（横浜国立大学大学院工学研究院教授）

†ランダムウォークとは

物理学、化学、生物学、工学、経済学など様々な分野で大変重要な役割をしている「ランダムウォーク（random walk）」とそれに関連する話題について、易しく図を用いて解説したいと思います。ここでは現実の現象との対応はあまり詳しく述べません。むしろ抽象化された数学モデルを飲み込むことにより、読者の想像力の翼を縦横無尽に羽ばたかせて頂ければと思います。そのことにより、まさに森羅万象の中に息づく種々のランダムウォークを垣間見て下さい。

このランダムウォークは、粒子が「でたらめに動きまわる」数学のモデルなので、その訳は、酔っ払い《ランダムウォーカー》の千鳥足の動きに似ていることにより「酔歩《すいほ》」、或いは、「乱歩《らんぽ》」と呼ばれることがあります。

インターネット上で「ランダムウォーク」で検索をかけると、まさに同名タイトルの吉住渉による少女コミックがヒットします。また、英語だと様々なミュージシャンによるCDがヒットしてきます。例えば、the crickets のジャケットは平面上を動きまわるランダムウォーカーの如きデザインです。一方、「酔歩」で検索をかけてみますと、居酒屋「酔歩」や四字熟語として「酔歩蹣跚《すいほまんさん》」など色々とヒットします。この酔歩蹣跚の蹣跚は「よろめく」という意味で、まさにお酒に酔ってふらふらとよろめきながら歩く様子を表しています。小林泰三《こばやしやすみ》のホラー小説に『酔歩する男』があります。この小説は、出だしに「酔っ払っている」状態の主人公が現れ、時空間をでたらめに彷徨する内容のものですが、波動関数などを扱っていますので、むしろ後述する量子ウォークのイメージに近いようにも思えます。このように、本来の学術用語以外にも、幅広く使われていることが分かります。

前置きはさておき、以下説明をしていきましょう。

まず酔っ払いが動く空間をd次元の格子で考えます。このd次元の格子とは、1次元では直線上の格子（図1）、2次元では平面上の格子のことです（図2）。そして、酔っ払いがその空間の上を「ふらふらと」動くのです。その動きまわるルールをもう少し正

図1　1次元格子

図2　2次元格子

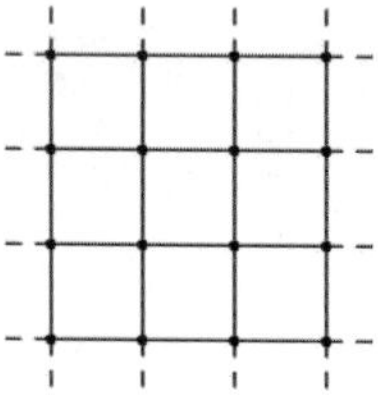

確に説明しましょう。

1次元の場合には、ワンステップごとに右と左に等しい確率、1/2で動きます。例えば、ランダムウォーカーが原点の場所から出発するとして、まず偏りの無いコインを投げます。表が出たら右に、裏が出たら左に1単位だけ動くとします。そして、ステップごとに、同じコインを投げて動く方向を決めていきます。次に2次元の場合は、前後左右に等しい確率1/4で移動します。3次元の場合は、前後左右の他に上下が加わり、それぞれに等しい確率1/6で動きます。この場合は、ステップごとにサ

図3　1次元ランダムウォーク

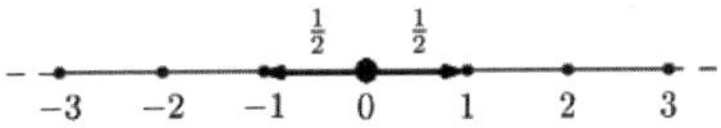

図4　2次元ランダムウォーク

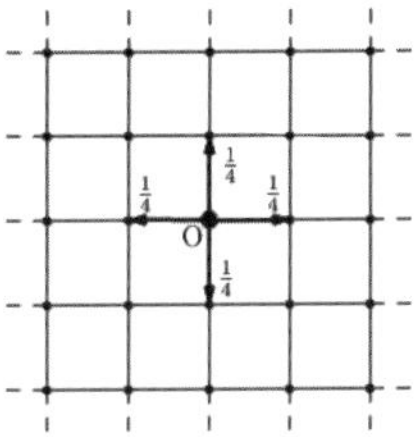

イコロをなげる場合に対応します。もっと一般にd次元の場合も同様に考えられ、その場合には最も近いところにある2d個の格子点に等しい確率、つまり、$1/2d$で移動します。

このように、最も近い格子点に等しい確率で動くランダムウォークは「単純」ランダムウォークとも呼ばれます（以下、「単純」を省略しましょう）。また、動きを定める確率に偏りが無いので、このようなモデルは「対称な」ランダムウォークと呼ばれます。一方、そうで無い場合は「非対称な」ランダムウォークです。

例えば、1次元の場合、もっと一

般に、右に確率p、左に確率qで動く場合が考えられます。但し、pとqを加えると1とします。最初の対称な例は、pもqも$1/2$の場合でした。また、pが$1/2$でないと(従って、足して1なので、qも$1/2$にはなりませんが)対称ではないので非対称なランダムウォークになります。後で述べますように、「対称な」場合と「非対称な」場合では、その酔っ払いの振る舞いがかなり異なるのです。以下特に断らなければ、「対称な」場合を考えていると思って下さい。

さて、1、2次元の場合には必ず出発点に戻ってきます(もう少し正確に言いますと、有限な時間に再び戻ってくる確率が1ということです)。このような場合、そのランダムウォークは「再帰的」と言い、そうでないときは、「非再帰的」と呼ばれます。また、再帰的なときは、戻ってきてはリセットすることにより、実は必ず無限回戻ってくることも分かります。ところが3次元以上になると、非再帰的になり必ずしも戻ってくるとは限らないのです。酔っ払いは家に戻ってこられるが、酔っ払いの鳥は巣に戻ってこられない、とも言えるかもしれません。では、雑居ビルをふらついている酔っ払いはどうでしょうか?

上記の1次元、2次元は再帰的で、3次元以上では非再帰的という結果は1921年

図５　１次元ランダムウォーク（原点から出発した５人のランダムウォーカーの軌跡）

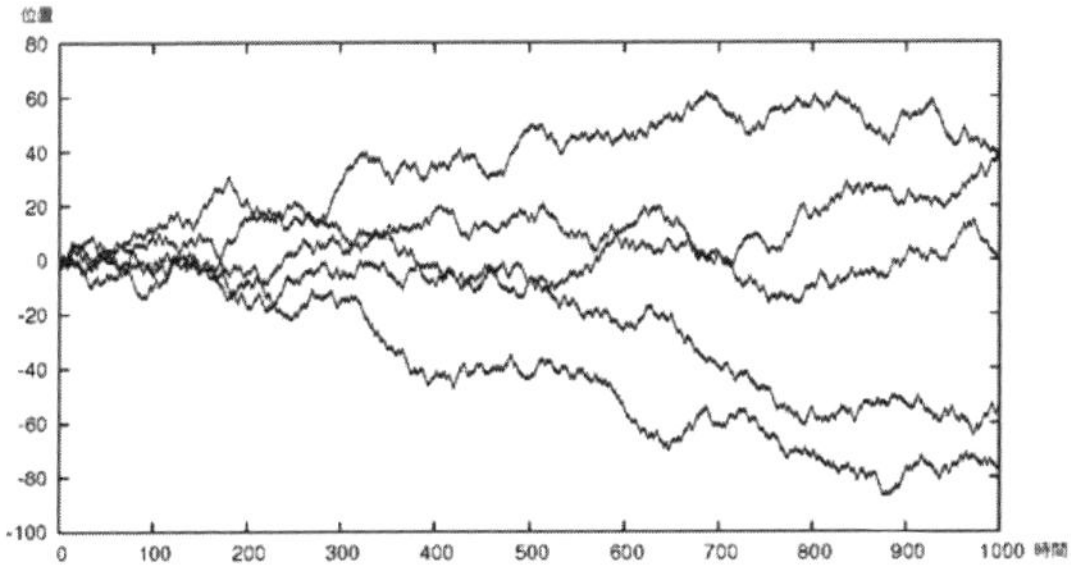

図６　２次元ランダムウォーク（原点から出発した１人のランダムウォーカーの軌跡）

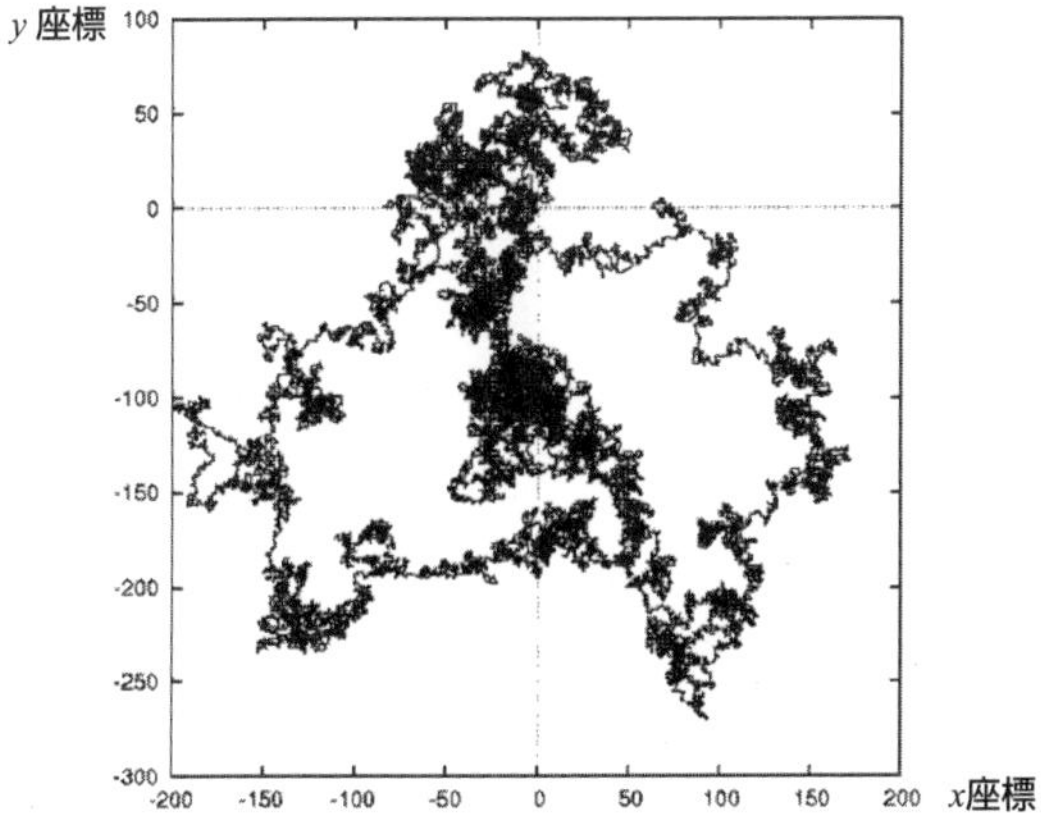

図７　３次元ランダムウォーク（原点から出発した１人のランダムウォーカーの軌跡）

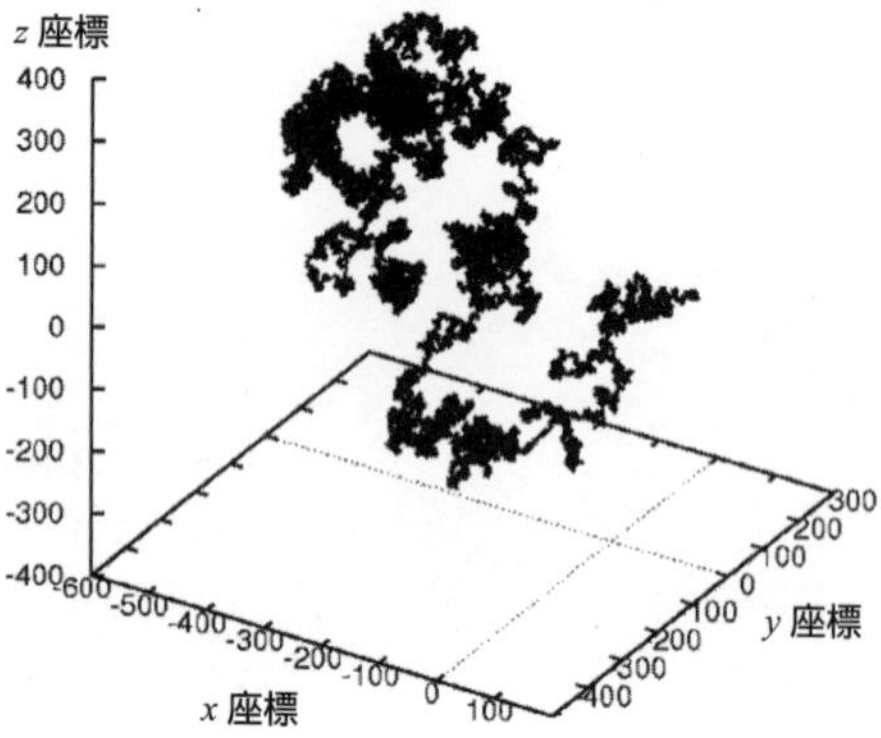

に数学者ポーヤによって示されました。彼がチューリッヒ近郊の公園を散策しているとき、同じ若いカップルにたびたび会うのでこのような問題を考えたと言われています（逆に若いカップルが、ポーヤに気がついたかどうかは知られていません）。実は、どんな次元でも（もちろん１次元でも）非対称な場合には、非再帰的になることも示せます。例えば酔って転んで歩き方に偏りが出てくると、一定の方向に動き易く、出発した場所に戻りづらくなるのです。

†反射壁をもつランダムウォーク

このモデルは１次元のモデルに近いモ

図８　反射壁ランダムウォーク

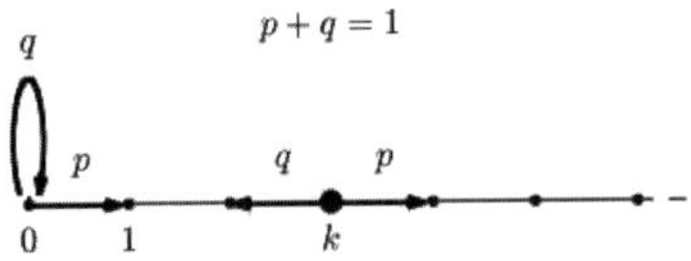

デルです。まず右に動く確率をpとし、左に動く確率をqとします。但し、pとqを加えると1としましょう。ここまでは、１次元の場合と同じです。但し、図８のように、例えば原点のところに怖い店があったとして、確率pで無事に外に出られますが、確率qで店から出られないとします。

このときに、怖い店から出られる確率pが半分の$1/2$よりも大きいと、右へ動く傾向が強いので確実に遠くに逃げることが出来ます。つまり、非再帰的になります。逃げる確率がpが半分以下だと、店に向かう傾向が強く確実に怖い店に入らざるを得ません。つまり、再帰的です。このちょうど半分の値がボーダーラインになるのです。実は、このボーダーラインでは、同じ場所に戻ってくる時間の期待値が無限大になります。確実には戻ってくるのですが、ちょうど右と左の確率が等しいので、ふらふらし続け、戻る時間がたっぷりかかるわけです。このようなときに、特に再帰的でも「零《れい》再帰的」と呼ばれます。一方、半分より小さいときは、確実に戻ってきて、しかも同じ場所に戻ってくる時間の期待値が無限大ではなく、有限の場合です。このようなモデルは、「正再帰的」と呼ばれます。

このようにランダムウォークには「正再帰的」「零再帰的」「非再帰的」の3種類あることを理解しておけば充分です。普通は、「再帰的」と「非再帰的」の2種類に分類することが多いのですが、折角ですから少し細かく覚えておきましょう。

念のため怖い店の例ではなく、自宅の例で再度説明しておきましょう。例えば、新婚で奥さんに早く会いたい、あるいは、かわいい子供の顔を早く見たいような状態が「正再帰的」。奥さんが怖くて帰りはする（帰らなくてはいけない）のだけれど、その一方で家に戻りたくないなあという気持ちがあって、いつまでも色々な店に寄ったりしてフラフラしているような場合が「零再帰的」。もう倦怠期の只中なのか、あるいは既に越したのか、家に戻りたくない状態、もっと別の刺激的なところに行きたいような場合が「非再帰的」です。多少生々しくなってきたので、この辺でこの種の話は終わりとしましょう。

図9　吸収壁ランダムウォーク

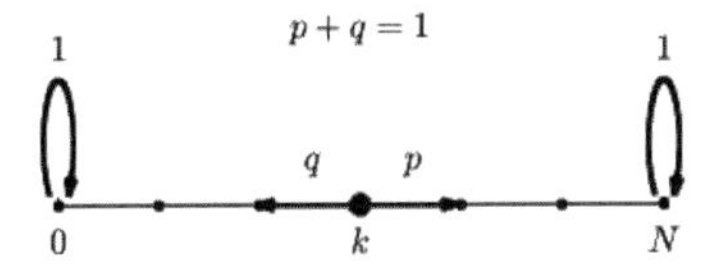

†吸収壁を持つランダムウォーク

今度は図9のように原点0と別の場所、Nとしましょう、に吸収壁があるランダムウォークを考えます。

酔っ払いの例では、右に動く確率をpとし、左に動く確率をqとし、0とNに今回は一度入ったら出られないようなもの凄く怖い店があるような場合です（前のモデルでは、確率pで外に出られました）。そして、出発点をその間のkとしたとき、酔っ払いがNにある店に入る前に、0にある店に入る確率を計算することができます。同様に、それにかかった時間の期待値も計算できます。

実はこのモデルは、以下に述べるギャンブラーの「破産のモデル」と同じなのです。

まずあなたと胴元がいて、それぞれの最初の所持金は、あなたがk万円、胴元が$N-k$万円とします。つまり、2人の合計はN万円とします。一回の賭けで、あなたが勝つ確率はpとし、負ける確率はqとしましょう。そして、あなたが勝ったら胴元から1万円をもらい、負けたら逆に1万円を胴元に支払います。この賭けはあなたが破産する（0万円になる）か、胴元が破産する（あなたがN万円になる）と終了することと約束します。そうすると、あなたの所持金の推移が、まさに酔っ払いの動きに対応することが分かると思います。

計算の結果は書きませんが、面白いことに、2人合わせた所持金のN万円を無限大にすると、最初のあなたの所持金のk万円は変わりませんが、胴元の所持金は無限大になります。このときに、あなたの勝つ確率がたとえ胴元と同じであっても、必ず破産してしまうことが示せます。つまり、分かりやすく言えば、自分に比べてかなり大金持ちの胴元（例えば、カジノ）を相手に賭けをすると、勝つ確率は等しくても必ず負けてしまうのです。まさに、「金持ちとは賭けをせず」です。

†パロンドゲーム

さて前述の破産の問題に関連して、1996年にパロンドによって考案された面白い賭けのモデル（パロンドのパラドックスとも呼ばれています）を簡単に紹介します。

今度は最初からギャンブルの例として説明します。まず胴元が有利な2つの異なるゲームを用意します。

ゲームAではあなたが勝つ確率は1/2より少し小さいとしましょう。従って、何回もこのゲームを続けると、あなたは負けることになります。一方、ゲームBは少し複雑で、あなたはふつう約3/4の確率で勝つことができますが、所持金が3の倍数になったときだけ、あなたに不利な約9/10の確率で負けるとします。このゲームBも続けていくと、ゲームA同様にあなたは負けることが示せます。

ところが、上記のような設定のもとで、次に述べるパラドックスの如き現象が生じます。ゲームAもゲームBも、どちらのゲームもあなたに不利なゲームなのですが、ゲームAとゲームBを一定のルールで交互に行うと、あなたの所持金が増え続けることが証明できるのです。

例えば、AABBAABB…のように交互に行うと所持金は増えます（図10）。分かりやすく言うと、競馬だけ、競艇だけだと負けてしまう人が、上手く交互に繰り返すと勝ち始めるというものです。但し、どんなパターンでも増えるわけではなく、ABABABAB…のようなパターンだと所持金は減ってしまいます（図11）。世の中はそう甘

図 10　パロンドゲームの資産の期待値の変化（AABBAABB…のパターン）

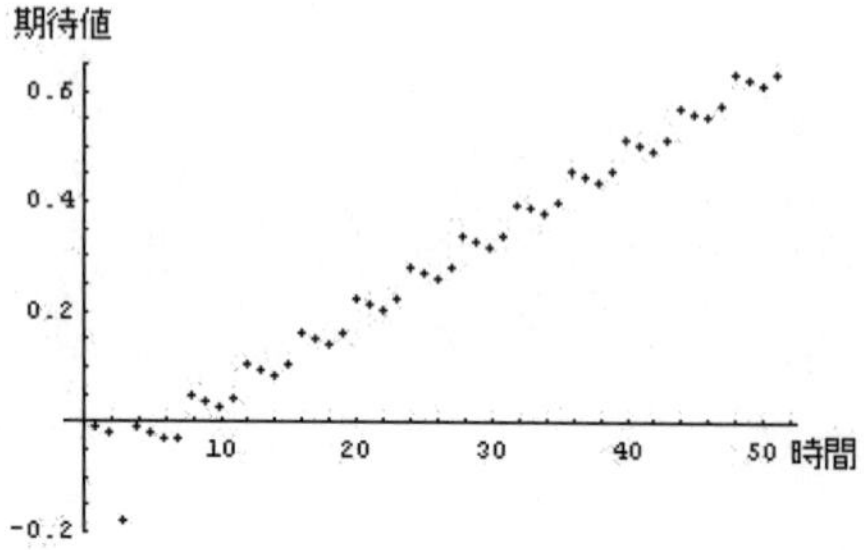

図 11　パロンドゲームの資産の期待値の変化（ABABABAB…のパターン）

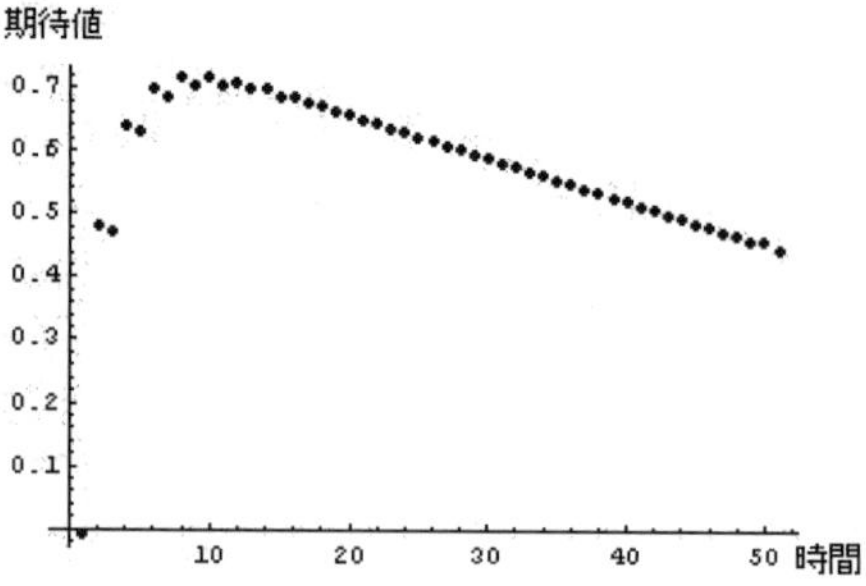

くはなく、この種のパターンを見抜くのが、ギャンブラーの眼力ともいえるでしょう。

†強化型ランダムウォーク

昔、次のような話を人づてに聞きました。六本木で酩酊して歩いていたら客引きに声をかけられ、雑居ビルの怪しげなスナックに行ったらとんでもないことになった。人の良さそうな夫妻の如きカップルがカウンターの奥にいて、ひとしきり飲んで請求された金額は法外なものだったという。明細を要求すると、巻物のような長い紙にミミズのような判読不明のものが書きなぐってあり、再び驚いたそうです。よくある話のようでもあり、そう思うと客引きも考慮したランダムウォークのモデルはより現実的かもしれません。例えば2個のランダムウォークする粒子があって、その2つが衝突すると合体して、片方の粒子の動きに従って動き回る、とか考えられそうです。実際、後で説明する投票者モデルのところで登場します。

さて、こんな経験があると、その界隈にはあまり立ち寄らなくなるのが常ですが、逆に引き寄せられるように足が向いてしまう蠱惑《こわく》的な反作用も人間の心にはあるように思えます。実はこのようなことを加味したようなランダムウォークがありますので、以下紹介しましょう。
「強化型（reinforced）ランダムウォーク」とは、粗く言うと、一度通った場所を通る確率を高くするというランダムウォークです。一般には一度通った場所を通る確率を低くするランダムウォークも含めこのように呼ばれます。最近のネズミを用いた実験によれば「酒は嫌な記憶を深める」という新しい説が紹介されていました。なお、ネズミを使ったこの実験では「酒は楽しい記憶を深める」かどうかに関してはうまい実験法がなく、残念ながら確かめられていないそうです。ともかくも、過去の記憶によって、一度通った場所を再び訪れるとき、その確率を高くしたり、低くしたりする上記のようなモデルも考えられるわけです。

このモデルは１９８６年にコッパースミスとダイアコニスによってはじめて研究されました（しかしこの最初の記念すべき論文は、証明が煩雑だった為か、雑誌に受理されず出版されていません。結論だけが書かれた文献は残っているのですが）。直線の場合だと、一度通った場所を通る確率が高いと出発点に戻りやすいので「再帰的」になりやすくなり、逆に低いと戻りにくいので「非再帰的」になりやすいことはすぐに分かると思います。理解を深めるために、１次元の場合の少し極端な場合を考えてみましょう。一度通った場所しか通らないとすると原点の近くに留まってしまいます。逆に一度通った場所は2度と通らないとすると、今度は遠方に行くしかなくなってしまいます。特に後者のモデルは、「自己回避（self-avoiding）ランダムウォーク」と呼ばれ、自明でない挙動をする2次元以上の場合に研究されています。以上の様子を図12で示しました。

ところで、平面の場合だと一度通った場所を通る確率が高いときに「再帰的」になりやすいと予想されていますが、一般に「再帰的」であることは証明されていません。これは大部分の場合が「再帰的」でありながら、遠回りして家に近づく場合など、逆に後

図12　強化型ランダムウォーク（5つのパターン、500ステップでの確率分布）

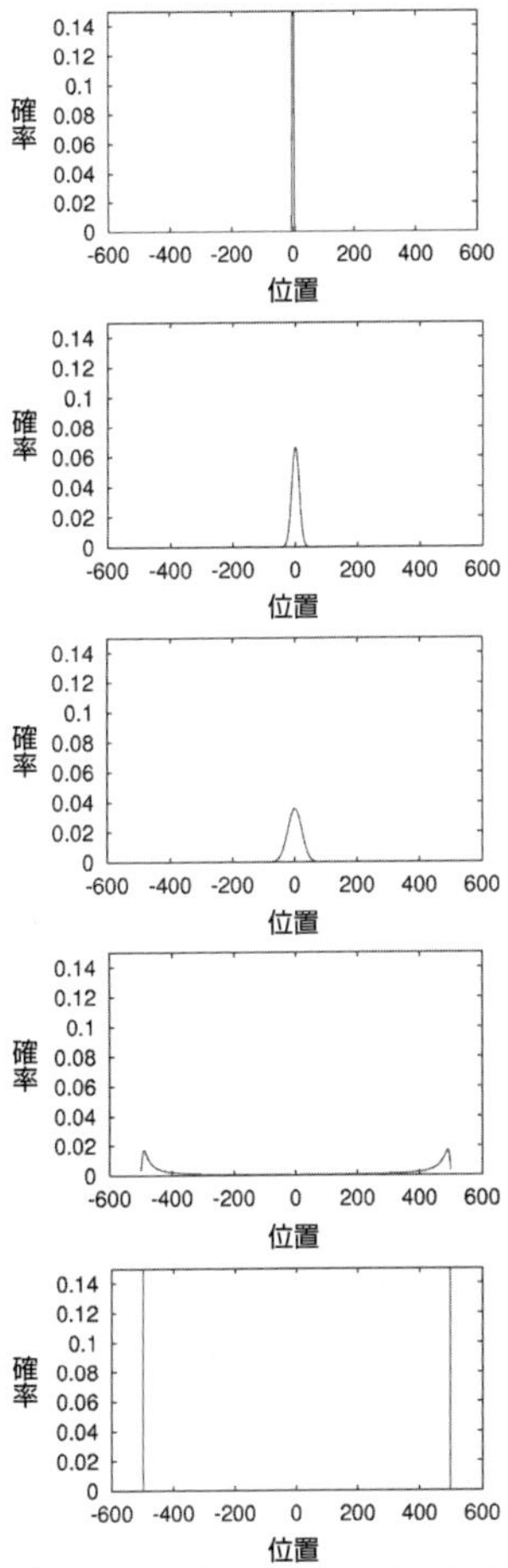

ろ髪を引かれるように家から遠ざける効果があるからです。しかし、全体を平均化するとそのような効果は相殺されて、結局は「再帰的」であろうと思われているのです。

†DLAモデル

ランダムウォークを用いて確率的に入れ子構造を持つフラクタル的なパターンを作成することも可能です。このモデルは、DLAモデルと呼ばれています。この名称は、diffusion-limited aggregation の頭文字をとったものですが、日本語では「拡散律速凝集」、「拡散に支配された凝集」などと訳されています。このDLAモデルはウィッテンとサンダーにより1981年に導入されました。遠くから（数学的には無限遠方からですが）酔っ払いがふらふらとやってきて、集団の近くに来たらそこに留まり、酔っ払いはその集団のメンバーの一員となります。そしてまた別の酔っ払いを遠くから出発させ、同様のことを繰り返し、集団をどんどん成長させるのです（図13、図14）。

一方、あまり知られていませんが、内側から生成させる「内部的（internal）DLA」モデルもあります。このモデルでは遠方からの酔っ払いの振る舞いで集団を作るのではなく、ある出発点から酔っ払いを次々と出発させ集団を作るのです。先のDLAモデル

図 13　DLA モデルの作成方法

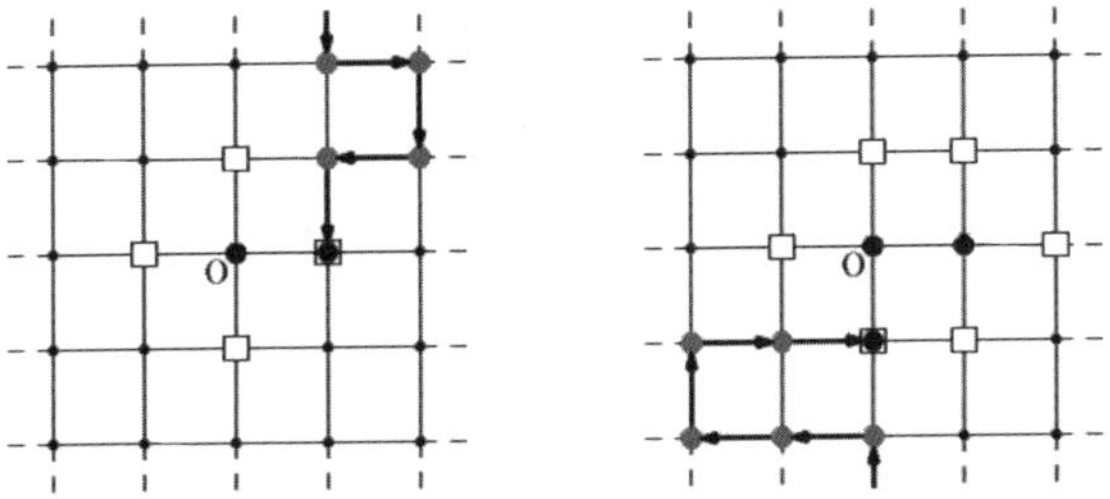

図 14　DLA モデルの典型的なパターン

図 15　内部的 DLA モデルの典型的なパターン

に対して、図15のように円になることが証明されています。

例えば、横浜山手にある洋館の中で秘密のパーティーが開かれているとしましょう。そこから酔っ払いが次々と帰るのですが、外に一歩出たところで秘密の内容を口外出来ないように魔法がかけられ凍結されてしまうのです。次に洋館から出た酔っ払いはその凍結した人からなる集団の中は自由に動けますが、やはり集団から一歩出ると凍結してしまい、その結果としてどんどんと集団が成長するのです。最初に紹介したＤＬＡはその意味では「外部的ＤＬＡ」ともいえるでしょう。内部的ＤＬＡモデルの方は無限遠方を考えなくても良く、数学的な解析が容易です。

†グラフ上のランダムウォーク

d次元格子上のランダムウォークの再帰性について最初に述べましたが、それ以外の様々なグラフ上のランダムウォークについても同様に定義することができます。そして、そのランダムウォークが再帰的か、あるいは、非再帰的かを場合によっては示すことができます。逆にそのことを示すことが、グラフの性質を決めることになるのです。図16の三角格子の場合には再帰的、図17のケーリー・ツリーの場合には非再帰的になります。

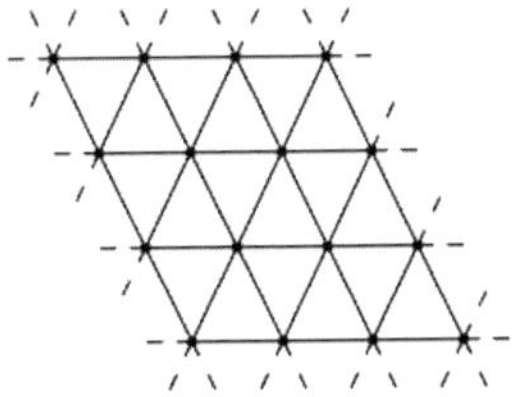

図16　三角格子

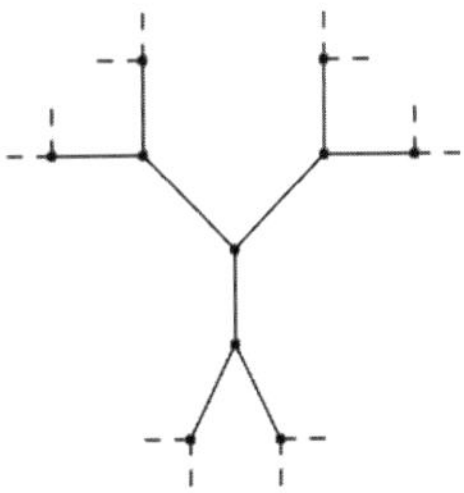

図17　ケーリー・ツリー

また、トランプをどういう風に切るかというのは、実はランダムウォークの問題に関係してきます。このときのグラフは、専門的になりますが、対称群といわれるものに対応します。この周辺の研究は、もとマジシャンでもあった異色の数学者ダイアコニスによって詳しく調べられています。覚えておられるかもしれませんが、さきの強化型ランダムウォークを導入した一人もダイアコニスです。彼の研究の守備範囲は大変広く、例えば、統計学者のモステラーと一緒に心理学者ユングのシンクロニシティ（共時性）に関連する興味深い論文も書いています。ピマントルはダイアコニスが指導教官のもと、強化型ランダムウォークに関する研究で学位を取りましたが、最近では後に解説するランダムウォークの量子版である量子ウォークの研究もしています。このように色々な研究者が密接に結びついているのは興味深いことです。

†連続時間と離散時間

ここで一言注意です。今まで述べてきたランダムウォークは、1ステップ、2ステップ、のように、自然数の時刻にジャンプする「離散時間」モデルでした。実は、ジャンプする時刻もでたらめに決まる「連続時間」モデルもあります。しかし、多くの場合に定性的な結果は変わらないので、この解説では特に区別しないことにします。

図18　2次元格子上の投票者モデルのルール（Pは確率を表します）

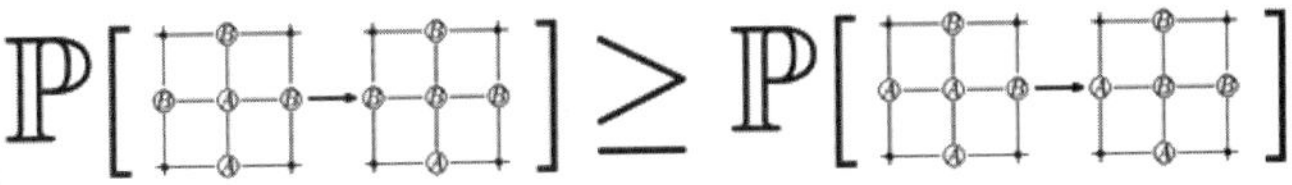

†投票者モデルとランダムウォーク

さてランダムウォークの再帰性と非再帰性は、意外なことに選挙の数理モデルと密接に関係しています。この「投票者モデル（voter model）」は、１９７３年にクリフォードとサドバリー、１９７５年にホリーとリゲットによってそれぞれ独立に導入されました。例えば日本の自民党と民主党、あるいはアメリカの共和党と民主党のように、A、Bの２つの政党だけを扱う場合を考えましょう。そして各支持者は考えているグラフの格子点上に存在するとします。図18のように、A党支持者は、周りの人がB党支持者であればあるほど、B党に鞍替えし易く、逆にB党支持者は、周りの人がA党支持者であればあるほど、A党に鞍替えし易いとします。つまり、周りの様子を意識して、日和見的に意見をころころ変えるような状況です。

そして初期条件として、A党支持者とB党支持者が半分ずつばらばらに存在していたとすると、充分時間を経た後に、格子の次元が2以下の場合には、A党支持者だけの世界かB党支持者だけの世界になってしまいます。一方、格子の次元が3以上の場合には、A党支持者とB党支持者が共存する世界になります。

この違いは、空間の次元が低いと、例えば、1次元の場合には隣の人は2人、2次元の場合には隣の人は4人なので（一般にはd次元では隣の人数は$2d$人です）、隣人の数が少なく、ある意味でつながり方が濃くなり、意見が一方に偏りやすくなってしまうからです。それに対して、空間次元が高いと、色々な人がまわりにいる傾向が強いので、多様なつながり方があって、意見が一つに集約されにくく、共存状態が起こりやすくなるのです。粗く言えば、様々なコミュニケーションが可能なつながりを持ち得る状況では、意見の多様性が保たれることになります。

実はこのような異なる意見の共存・非共存を決めるのは、モデルの定義されている空間、この場合には、d次元の格子ですが、その上を動きまわるランダムウォークの再帰性と非再帰性であることが証明されています。具体的には、投票者モデルの場合には、その共存と非共存が、そのモデルが定義されている同じ空間上でのランダムウォークの再帰性と非再帰性に表のように完全に対応しているのです。

投票者モデル	ランダムウォーク	格子空間の次元
非共存	再帰的	1、2次元
共存	非再帰的	3次元以上

直感的に右に述べたことを説明しますと、投票者モデルの時計の針を未来から過去に逆に動かし、現在の意見を持つに至った経緯を追跡します。このような様子は「双対プロセス」と一般には呼ばれますが、この場合には「合体的ランダムウォーク」がその双対プロセスになります。具体的には沢山の酔っ払いが動き回っているのですが（客引きの話の最後に少し出てきたように）、2人の酔っ払いがぶつかると合体して1人になるのです。

空間の次元が小さいと再帰的なので酔っ払いがぶつかり易く、最初に有限の人数の酔っ払いから出発すると、最終的には1人の酔っ払いになってしまいます。このことが、充分時間が経つと、自民党か民主党のどちらか一方の政党になってしまうことに対応します。一方、空間の次元が大きいと今度は再帰的では無いので酔っ払いはぶつかりづらく、いつまでも多数の酔っ払いが動き回っている状態が生じます。これが自民党か民主党のどちらか一方にならない共存状態に対応するのです。実際の社会では、格子のようには空間の構造がよく分からない場合が多いのですが、都市部では空間の次元が大きく、農村部では空間の次元が小さい傾向にあると言えるかも知れません。

†悪者の酔っ払い達

2006年出版の『現代物理数学への招待』(鈴木淳史著)の副題「ランダムウォークからひろがる多彩な物理と数理」をみても分かるように、古くから研究されているランダムウォークが、現代においても非常に重要な役割を担っています。実際、投票者モデルのところでも出てきましたが、多数の酔っ払いの挙動を考えることが1つの重要な鍵になっています。但しここで紹介するのは、相転移や臨界現象の研究で有名な物理学者マイケル・フィッシャーによって導入された「悪者の(vicious)酔っ払い」です。このモデルは彼が1983年の統計力学国際会議でボルツマン・メダルを受賞した際の講演録で紹介されました。

例えば、直線上に何人かの酔っ払った悪者達がいたとしましょう。それぞれの酔っ払

図19　3人の悪者の酔っ払い達の軌跡

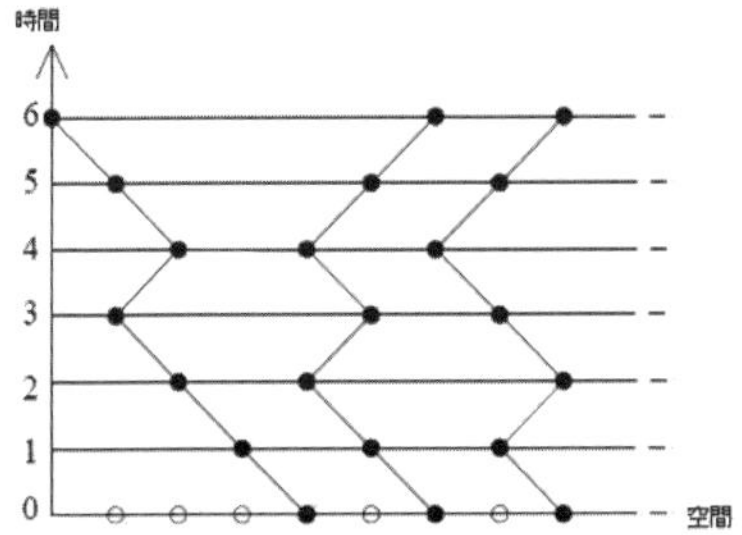

いが同じ場所に出くわすと、お互いに殺し合い消滅してしまいます。そこで、このような悪者達が出会わない、いわば相互に関係する状況を考えます（図19）。すると、まことに不思議なことですが、様々な数学の分野の仕掛けが結びつき、それぞれの分野で得られていた結果がうまく使えるようになるのです。

†複雑ネットワーク上のランダムウォーク

最近様々なメディアでも取りあげられているので、ご存知の方も多いと思いますが、まず表題の「複雑ネットワーク（complex network）」について簡単に紹介しましょう。

２００２年に複雑ネットワークの第一人者の一人であるバラバシによる啓蒙書の翻訳書

『新ネットワーク思考――世界のしくみを読み解く』が出ました。この本は、ネットワーク理論の新しい動向を一般読者向けに解説した啓蒙書で、著者のバラバシ本人も含めた最前線で活躍する研究者達の様子も生き生きと描写しています。そこでのメッセージは、粗く言えば「つながり」に注目しようというもので、種々の例による説明は大変魅力的です。また、この翻訳書のおかげで、当時日本であまり馴染みの無かった「複雑ネットワーク」という新しい分野が、既に世界的スケールで、しかも破竹の勢いで研究がなされていることを多くの人が知るきっかけにもなったように思います。

さて「複雑ネットワーク」と総称されるネットワークの具体的な例としては、ウェブサイトのリンク、航空網、俳優の共演者関係、論文の共著者関係、生物の代謝系ネットワークなど様々なものがあります。そして、種々のネットワークを形成するデータの特性が明らかにされるとともに、色々なネットワークの構成法が提案されてきました。

重要な特性は2つあり、その1つは「スモールワールド」と呼ばれます。友達関係の例で説明しますと、各友達同士が少ない鎖でつながっていて、さらに友達同士も高い確率で友達であるという性質です。このモデルの簡単かつ典型的なモデルは、ワッツとその指導教官であったストロガッツによって1998年「ネイチャー」誌に発表されまし

図 20　WS モデルの作成方法。（詳細は述べませんが、鎖をある割合でつなぎかえます）

図 21　WS モデルの典型的なパターン（少しつなぎかえただけで、遠くの人ともつながり易くなります）

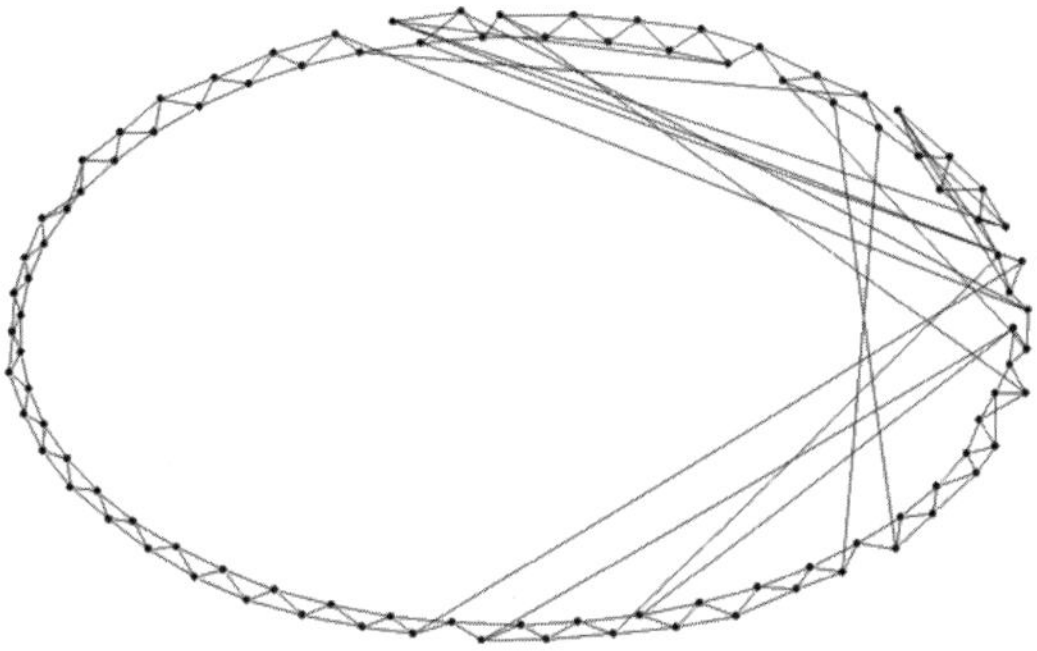

た。それぞれの頭文字をとって、「WSモデル」と呼ばれます（図20、図21）。

もう1つの特性は、多くの友達を持つ人（ハブとも呼ばれます）の数がさほど少なくもない、もう少し厳密に言えば、友達の数の分布がベキ分布（正規分布と異なり、分布の裾野がずっと続いていく分布）に従う「スケールフリー」と呼ばれるものです。その簡単かつ典型的なモデルは、前出のバラバシと彼の学生であったアルバートによって1999年「サイエンス」誌に発表されました。こちらもそれぞれの頭文字をとって、「BAモデル」と呼ばれます。友達が多い人程、外から来る人と友達になる確率が高いように（友達の数に比例した確率で）成長していきます。成長するところは、先に紹介したDLAモデルに似ていますが、格子のような空間構造はありません（図22、図23）。

このような複雑ネットワークの上を酔っ払いが動いたらどうなるかという研究も活発に行われています。例えば、格子の場合に説明しましたように、多くの酔っ払い達の挙動がそのネットワーク上の投票者モデルの共存状態と対応しますので、副産物としてその性質についても導かれることになるわけです。

ネットワーク全体を探索することを考えますと、ある酔っ払いがネットワークの全ての場所を訪れるのに必要とする時間を調べることが重要になります。このような時間の

図 22　BA モデルの作成方法（ステップ（t=1,2,3,...）ごとに外から来た人はこの場合には 2 人の人と友達関係になります。点の近くの数字はその点がつながる確率を表しています）

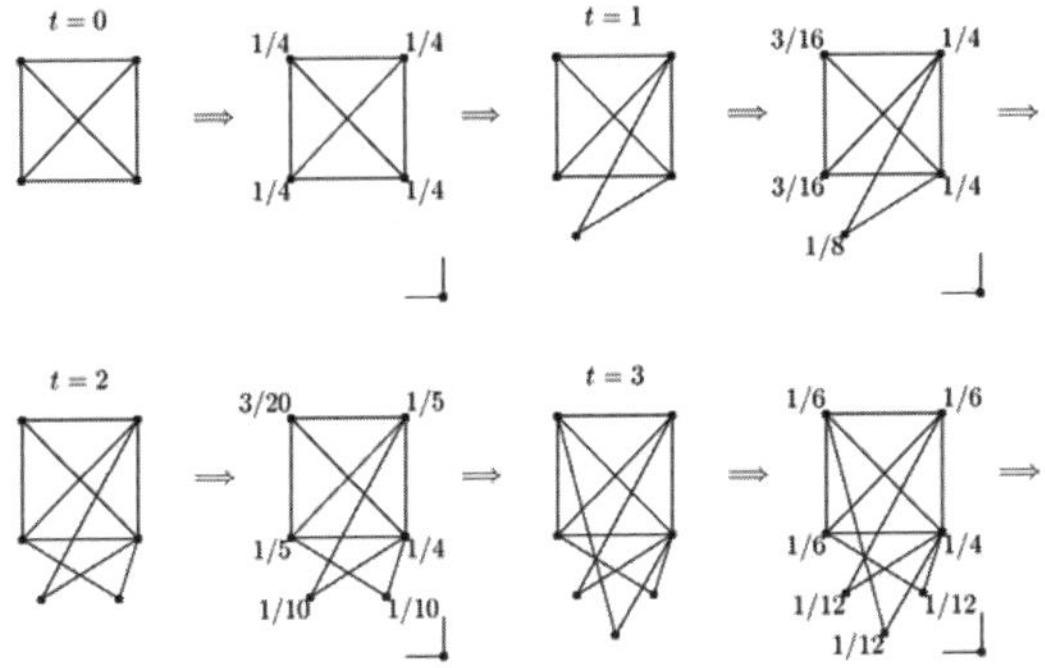

図 23　BA モデルの典型的なパターン

期待値は出発した場所にも依存しますので、出発点を色々と動かしたときの最大値を特に「被服時間」と呼びます。この量がネットワークの点の数を大きくしたとき、どのような速さで大きくなるかについて研究されています。また、ネットワークの構造と酔っ払いの動きなどの数理モデルが、それぞれ相互に関連し合い動的に変化するモデルの研究も始まっています。

†量子ウォーク

ランダムウォークは、本稿の最初でも少し触れましたが、拡散現象、ノイズを含む問題など、様々な分野での現象を記述し解析するために必要となり、非常に重要な役割を担っています。タイトルの「量子ウォーク（quantum walk）」は、２０００年頃よりこのランダムウォークの量子版として本格的に登場しました。そして、量子系においてそのような立場になりえる可能性が強く期待されており、大変活発に研究されているモデルです。ご存知のように、原子、分子、ＤＮＡなどの極微の世界を対象とする「ナノテクノロジー」が脚光を浴びています。ここで、「ナノ」は10億分の１の長さを表す単位です。このナノテクノロジーの革新技術の一つとして、まだ実用化までには至っていま

図24　1次元の量子ウォーク（実線）とランダムウォーク（点線）との確率分布の違い

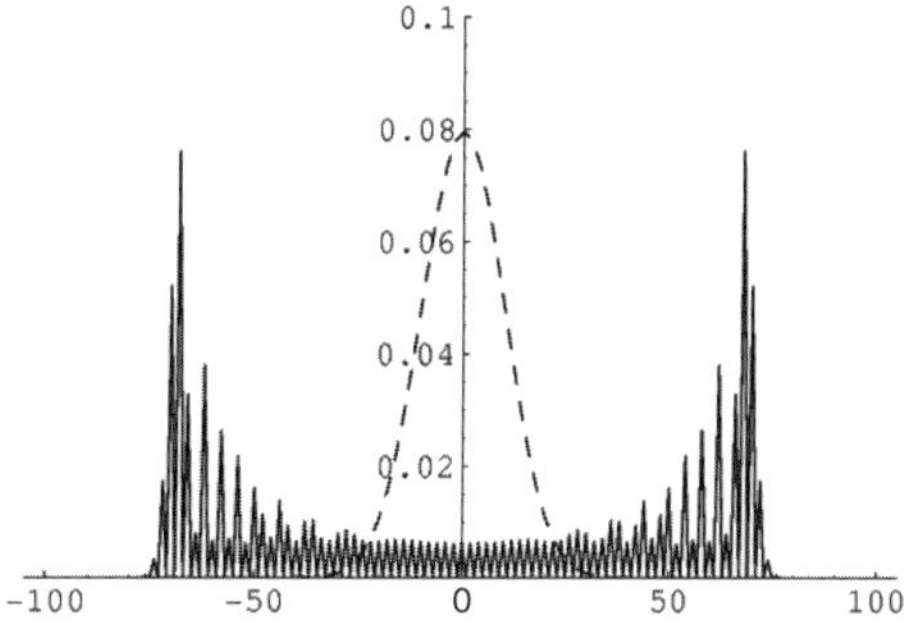

せんが量子力学の法則に従って動く「量子コンピュータ」があります。この量子ウォークは、量子コンピュータの研究周辺からも研究が行われているのです。

さてこの量子ウォークの振る舞いは、ランダムウォークと大変異なります。図24で1次元の量子ウォークとランダムウォークの確率分布の違いを示しました。点線で示したランダムウォークの場合は、出発点の原点に存在する確率が最も高いのですが、実線で示した量子ウォークの場合には逆に、出発点の原点に存在する確率は低く、両端付近に高いピークがあります。そのために、量子ウォークでは1次元でも出発点に戻りづらく、遠方に存在する確率が高くなります。言い換えると、

図25　2次元量子ウォークの3種類の確率分布

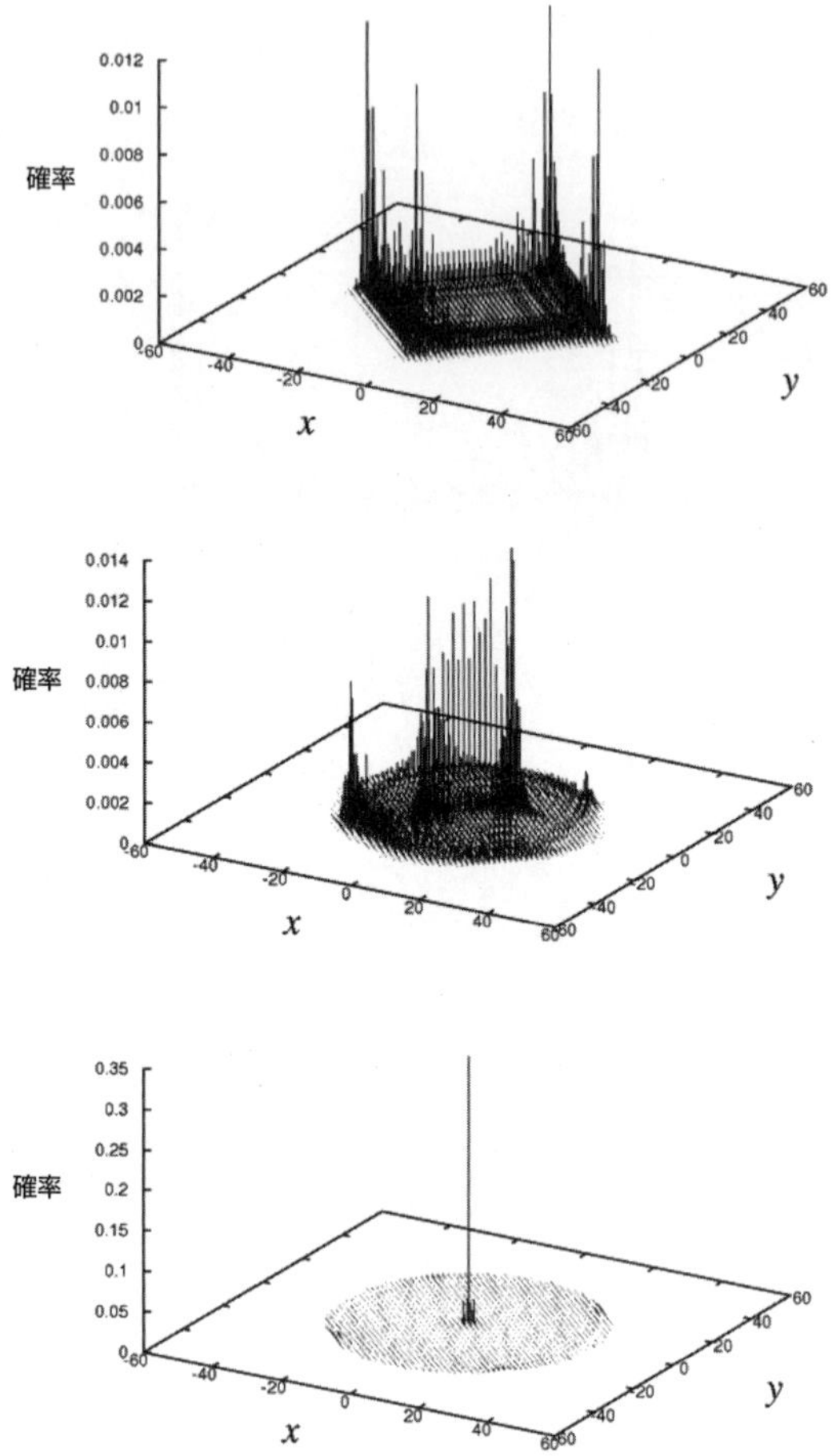

図26　2次元ランダムウォークの確率分布

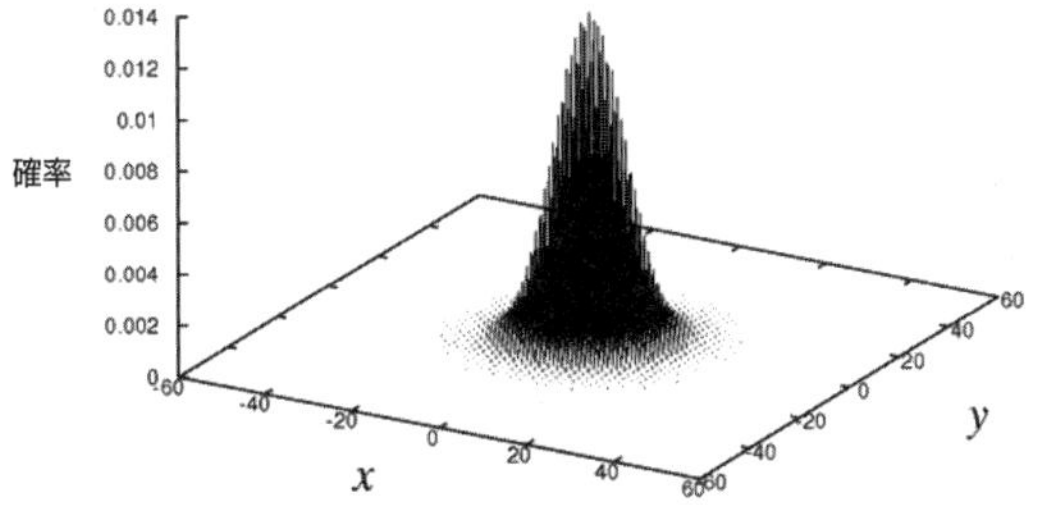

1次元でも量子ウォークの場合には「非再帰的」になりえるのです。

さらに、2次元になると、図25の確率分布のように、遠方に存在する確率が高いものや、逆にランダムウォーク以上に出発点に留まり続ける確率が高いものなど、様々な挙動をとる量子ウォークがあります（比較の為に、2次元のランダムウォークの確率分布を図26に載せました）。

一般の多次元の場合は、さらに複雑なものも存在し百花繚乱の如き観を呈しますが、まさにその分類などリアルタイムで研究が行われている最中です。

また、移動距離が最短となる経路を見つける巡回セールスマン問題、ある条件を満たすように荷物を上手く選択するナップザック問題など、膨大な組合せの数を扱う問題も含め、量子ウォークの様々な性質を用いて効率良く解けないかという、色々な新しい量子アルゴリズム構築の試みもなされています。また、量子ウォークを用いたパロンドゲームの研究もあります。ごく最近では、いよいよ複雑ネットワーク上の量子ウォークの研究も始まりました。量子ウォークの挙動については少しずつですが、我々の研究グループなどにより種々の極限定理などが数学的に解明されてきています。将来、実用化に耐えうる量子コンピュータが出現した暁には、このような数学的な基礎研究が大変役立つと考えられます。

以上、ランダムウォーク周辺をまさに酔歩蹣跚してきました。そろそろ別の店にでも行きたくなられた頃かもしれません。それでは、お別れの時としましょう。

錯視の数理

新井仁之（東京大学大学院数理科学研究科教授／科学技術振興機構さきがけ研究者）

†はじめに

皆さんは錯視という言葉を聞いたことがあるでしょうか。錯視というのは、私たちの視覚が引き起こす錯覚のことです。たとえば、存在しないものが見えてしまうような錯視、同じ色なのに違って見える錯視、平行線なのに傾いて見える錯視など、さまざまなタイプのものが知られています。百聞は一見にしかず、錯視の典型的な例を二つほどご覧いただきましょう。

図1は、存在しないものが見えてしまうという錯視で、「ヘルマン格子錯視」と呼ばれています。まず図の中央を凝視してください。そして中央に視点を合わせたまま周辺の白い路の交差点を見るようにします。そうすると、その交差点のところに薄黒いスポットが見えるのではないでしょうか。しかしそのような薄黒いスポットは実際には印

図1　ヘルマン格子錯視

刷されていません。たとえば交差点の一つに目を近づけてよく見ると、そこには薄黒いスポットはなく、白い十字路しかないことがわかると思います。あるいは十字路の周りにある四つの黒い四角形を何かで隠してみてください。薄暗いスポットは消えてしまうことがわかるでしょう。しかし、図形を元通りにして少し目を離して見ると、薄黒いスポットが見えてしまうのです。不思議ですね。

もう一つの例は図2にある「カフェウォール錯視」と呼ばれているものです。灰色の水平方向に延びた線が傾いて見えますが、実際はこれらは平行線になっています。このことは三角定規などで確認することができるはずです。これ以外にも錯視はいろいろとありま

図2　カフェウォール錯視

す。それにしても、どうしてこのような錯視を視覚は引き起こしてしまうのでしょうか？

ここでは数学を用いてこの問題に迫ってみることにします。

†錯視と数学、その関係は？

学会や研究会の後には、たいてい懇親会があります。錯視についての研究発表をした後、懇親会のときに「私は数学の研究者で、大学では純粋数学を教えています」と言うと、多くの人が驚きます。錯視の研究というと常識的には、心理学者だとか脳科学者がするもので、数学者が錯視の研究をするなど聞いたこともないからだと思います。しかし、私自身はじつは

視覚、数学、錯視

は密接に関係しあう研究対象であると考えています。どのように関係しているのか？それをここで説明しておきましょう。

私たちは「目」でものを見ている、とよく言います。確かに瞼《まぶた》を開けると外界の様子を見ることができ、また瞼を閉じると外界からの視覚情報はシャットアウトされます。目はものを見るために重要な役割を担っています。しかし私たちは目というよりもじつは脳でものを見ているのです。視覚の情報は脳内で処理されて、ものの形を認識したり、何色かを判断したりできるのです。それでは視覚の情報は、どのように脳の中で処理されているのでしょうか。この問題は多くの科学者たちが現在、研究をしており、いろいろなことがわかってきています。たとえばネコやサルの脳内の細胞に微小電極を挿入して活動を記録する方法、ｆＭＲＩ（機能的磁気共鳴画像）などで脳内の活動を映像として見る方法などが近年発達し、これにより視覚のどのような機能が、脳のどの領域の活動と関連しているかといったことが詳しくわかってきました。しかし、脳の中でどのようなアルゴリズムで視覚に関する情報が処理されているのかは、まだ解明されていないこともいろいろとあります。私はそのような部分の研究に、数学も一役買うことができると考えております。どういうことか少し詳しく述べましょう。

視覚の数理モデルと錯視

数学では、よく「数理モデル」というものを作ります。数理モデルというのは、現実の現象の模型を数学を使って組み立てたものです。それを稼働し、たとえば計算機を使って結果を導き出すのです。これを計算機シミュレーションといいます。この方法によって、自然現象や時には社会現象も数学的に分析したり、先のことを予想したりすることができます。この数理モデルの方法を視覚の情報処理に使ってみるのです。

まず実際の視覚に関する神経科学や心理物理学をもとに、脳が行っている情報処理と似たことを計算機が行えるように、数学を使って記述します。このように言うと簡単そうに見えますが、実際は、現実の現象を数学という言葉を使って表現するという作業は、数理モデルを作る際に最も苦労する部分です。

さて、数理モデルが組み立てられたとして、ここで1つの問題が生じます。それは、どのようにしてその組み立てた数理モデルが適切かどうかを調べれば良いかということです。そこで着目したいのが「錯視」です。前節でご覧いただいたように私たちの視覚

図3

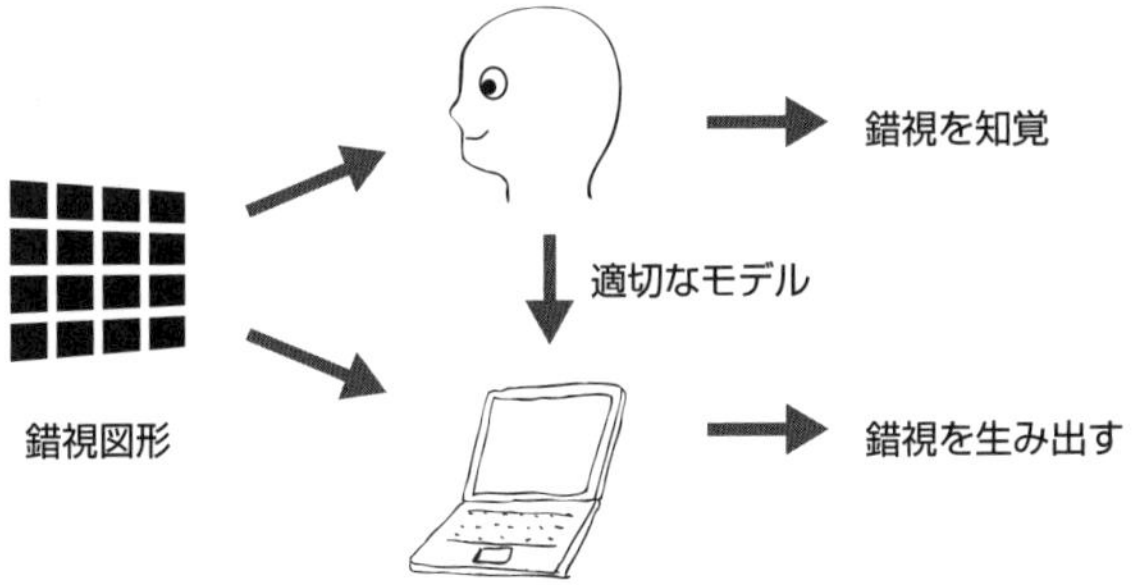

系は錯視を生み出します。もし視覚の数理モデルが適切なものであれば、その数理モデルを組み入れた計算機も私たちと同様に錯視を出力するはずです。つまり錯視は視覚の数学的な研究をする際に、実際の視覚系と合っているかどうかを試す試金石になっているのです（図3）。

しかしじつはこれ以上の役割も錯視は果たしています。錯視にもいろいろなタイプのものがあり、まだかなりの錯視について、それがどのような視覚の情報計算により生み出されるのかがわかっていません。そこで、今度は逆に計算機が人間と同じように錯視を起こすような計算アルゴリズムを作り、それに基づいて錯視が実際にはどのようなメカニズム

図４

で発生しているのかを推測することができるのです。このような研究はひいては視覚の未解明な部分の解明にもつながるものと考えています（図４）。

それではどのように視覚の数理モデルを組み立てていけばよいでしょうか。組み立てるための部品として筆者が注目しているのが、20世紀末に数学の世界に忽然と現れた「ウェーブレット」です。ウェーブレットとは何かを簡単に解説しておきましょう。

†ウェーブレットとは何か

ウェーブレットは、一言で言えばある種の「フィルタ」の集まりです。フィルタという言葉は日常でもよく使われています。たとえばコーヒーフィルタなどがあります。コーヒーフィルタは細かい粒子からなる液体（コーヒー）と、コーヒー豆の砕片のような大きな粒子を分離する機能を持っています。ウェーブレットの場合は、数字からなるデータをある特徴に基づいて分離します。ここで扱うのは主に画像なので、画像データを例にしていうと、ウェーブレットには画像データの中から比較的大まかな部分を分離するようなフィルタがあります。また残りの細かい部分からある特定の向きをもつ部分を抜き出すフィルタもあります。論より証拠、まずはウェーブレットを使ってどのようなことができるのかを示しておきましょう。ここでは2次元最大重複双直交ウェーブレットというウェーブレットを使うことにします。これはコーエンらの構成した双直交ウェーブレットとナソンらの最大重複法を組み合わせたもので、次の4つのタイプのフィルタから構成されています（図5）。

スケーリング・フィルタ…画像の大まかな部分を抽出

水平用ウェーブレット・フィルタ…画像の細かい部分の水平成分を抽出

垂直用ウェーブレット・フィルタ…画像の細かい部分の垂直成分を抽出

対角用ウェーブレット・フィルタ…画像の細かい部分の対角成分を抽出

図５　２次元最大重複双直交ウェーブレットを構成するフィルタの図。
左から順にスケーリング・フィルタ、水平用、垂直用、対角用のウェーブレット・フィルタ

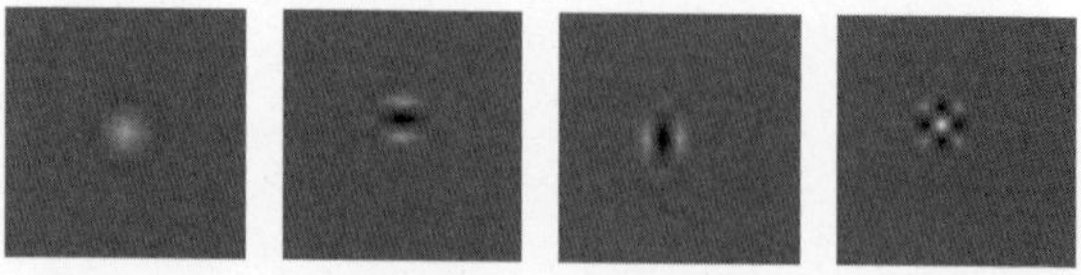

このウェーブレットを用いて画像の分解を行ってみましょう。図6をご覧ください。原画像は図6の1番上の行にあるヨットのイラストです。それをウェーブレットを使って分解したものが上から2行目にある4枚の図です。2行目の左がスケーリング・フィルタを利用して原画像の比較的大まかな部分を抜き出したものです。同じように水平用、垂直用、対角用ウェーブレット・フィルタを利用して水平部分、垂直部分、対角部分を抜き出したものが、それぞれ2行目の左から2番目、3番目、4番目の図です。このような分解をレベル1の多重解像度分解と呼びます。ここで重要なことは、4つに分解されたデータを足し合わせると原画像のデータと一致するということです。このことを完全再構成であるといいます。

図６　２次元最大重複双直交ウェーブレットによる画像の分解

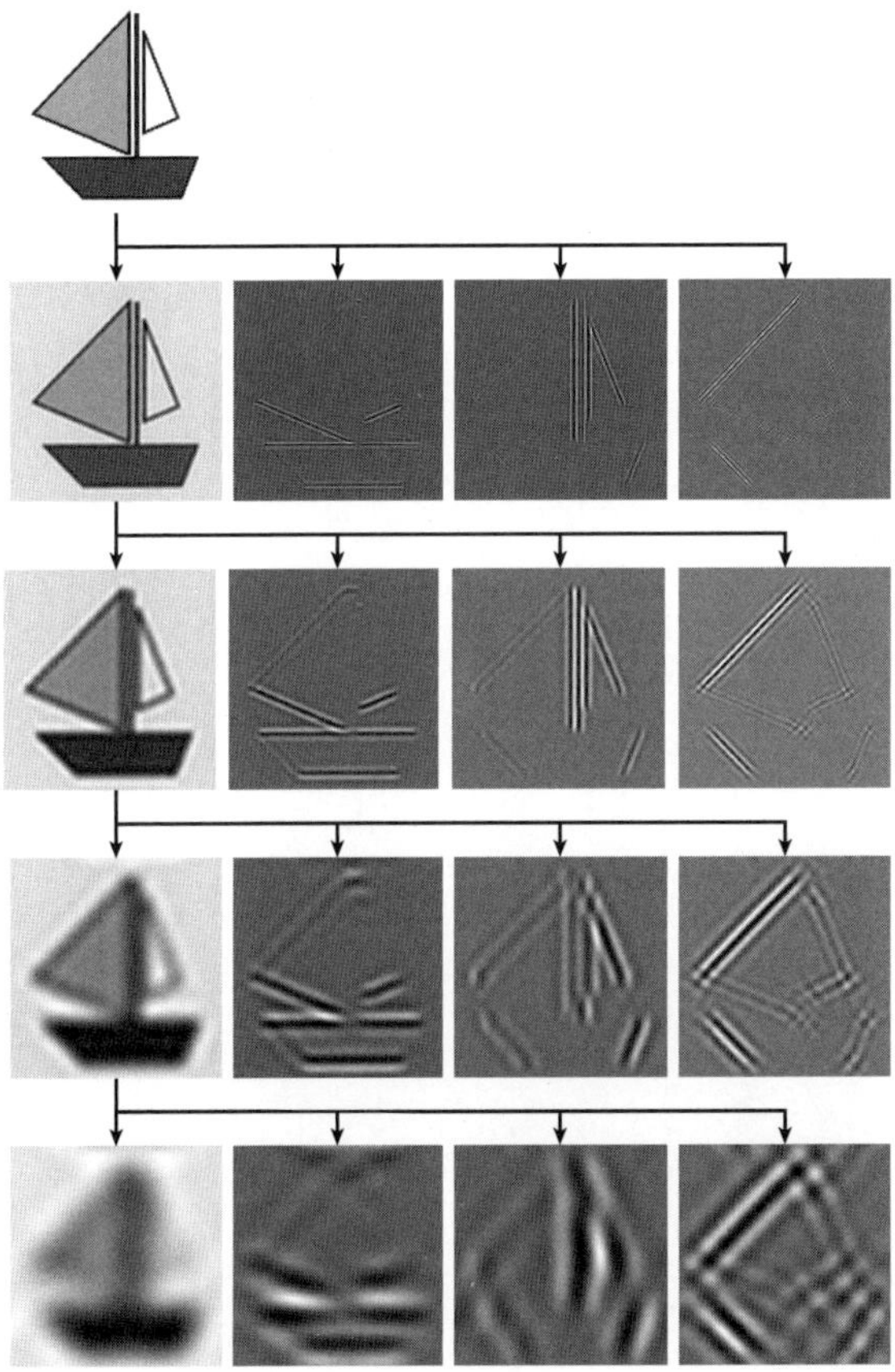

ウェーブレットではさらにレベル2の多重解像度分解というのも行うことができます。これはレベル1で使ったスケーリング・フィルタとウェーブレット・フィルタを少し大きく拡大して、レベル1の分解で得られた大まかな部分の画像（図6上から2行目の1番左）を分解するのです。その結果が上から3行目です。このようにして得られた分解をレベル2の多重解像度分解といいます。同様にしてレベル3、4、…と多重解像度分解を続けていくことができます。ヨットのイラストはレベルが上がるにつれ、次第にぼやけた図形となり、大まかな水平、垂直、対角成分が分離されているのがわかります。これらもやはり完全再構成になっています。

ところでウェーブレットにはいろいろな種類のものがあります。ユーザーはそれぞれの目的に応じたウェーブレットを選んで使っています。また既存のウェーブレットではなく、必要に応じて独自のウェーブレットを開発することもあります。たとえば画像圧縮に適したウェーブレットが、新しい画像圧縮形式であるJPEG2000に用いられています。後で紹介しますが私たちも視覚の研究のために新しいウェーブレットを構成しました。[注1]

†ウェーブレットと視覚

ウェーブレットは視覚とどのように関係するのでしょうか。これを見るために視覚の情報処理がどのようになされているのかを簡単に紹介しておきましょう。

私たちは外界に存在するものから発せられる光を眼で捕らえ、その光の強弱、波長の違いによって身の回りの様子を知ることができます。光の強弱は明暗、波長の違いは色として知覚します。眼球に入り込んだ外界からの光は、角膜、水晶体、硝子体などを通過して、眼底に広がっている網膜に取り込まれます。網膜は光によって与えられるアナログ信号を、神経インパルスという離散的な信号に変換し、それを視神経を通して脳に伝えています。

脳はその機能によって多数の領野に分類されています。視覚に関連した部分では、V1野、V2野、V3野、V4野、MT野、IT野などいくつかに分けられ、それぞれの領野で分担作業がされていると考えられています。視神経を介して伝送された離散的な信号は、一部は脳の上丘と呼ばれるところに伝送されますが、かなりの部分が外側膝状

注1　正確にはウェーブレットを一般化したウェーブレット・フレーム。

図７　受容野の例の模式図

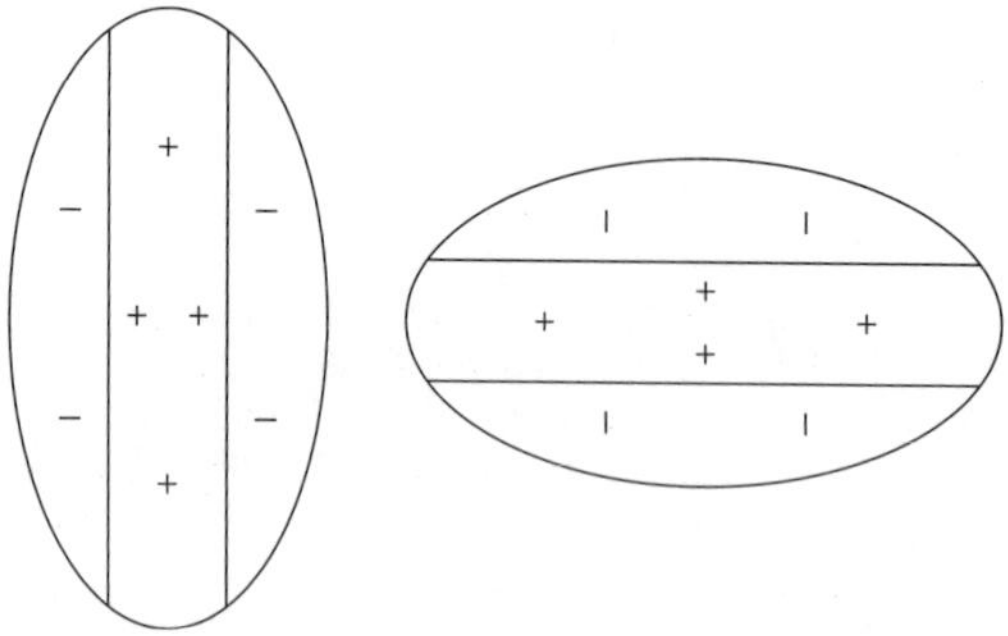

体を経由して、脳の後ろの部分にあるＶ１野に到達します。そしてＶ１野でその情報が処理され、さらに他の領野に送られていきます。Ｖ１野は視覚の情報処理の基本となる非常に重要な部分です。ここではこのＶ１野を扱うことにします。

さてこのＶ１野での情報処理とウェーブレットを結びつけるものが「受容野」というものです。受容野というのは、ある細胞が光の刺激信号を受けて反応しうる領域のことです。１９５９年から60年代にヒューベルとウィーゼルは、Ｖ１野の細胞がいろいろな受容野をもち、光刺激の傾き、長さ、動く方向、また色などにも選択的に反応することを発見しました。ヒューベルとウィーゼルによれば受容野の一つとして、たとえば図7のような幾何的な構造を有するものがあります。この図の意味を説明しておきましょう。図7左を見てください。たとえば狭い幅をもつ垂直方向に長い矩形の光の刺激を作り、これに関する信号が受容野の＋の符号を付した部分に到達するようにします。[注2] そうすると、細胞が興奮をするのです。また－の符号を付した部分にその光の刺激信号が来るようにすると、細胞の興奮が抑制されます。一方、図7右のような受容野をもつ細胞ではほとんど反応しません。その代わり、水平方向に長い矩形の光刺激に反応するのです。このようにして、光の有無と方位の情報が脳内で符号化されます。ヒューベルとウィーゼルはこのような受容野をもつ細胞を単純細胞と呼びました。

当初、V1野の細胞により、目から入ってくる情景の情報の中から、エッジや線分が検出されているものと考えられていました。ところが1978年、アルブレヒトにより、単純細胞の受容野が図7よりもう少し複雑な形をしていることが見出されました。図7をグラフ化すると図8のようになっていますが、アルブレヒトは実際は図9のように

注2　じつは網膜に投影されたシーンは、V1野に距離は歪んではいますが、ほぼシーンの位置関係は再現されるように信号が伝達されています。数学的に言えば、トポロジーが保存されているマップといえるかもしれません。脳科学では網膜部位再現（retinotopic representation）といわれています。

図８　従来考えられていた受容野の機能のグラフ化

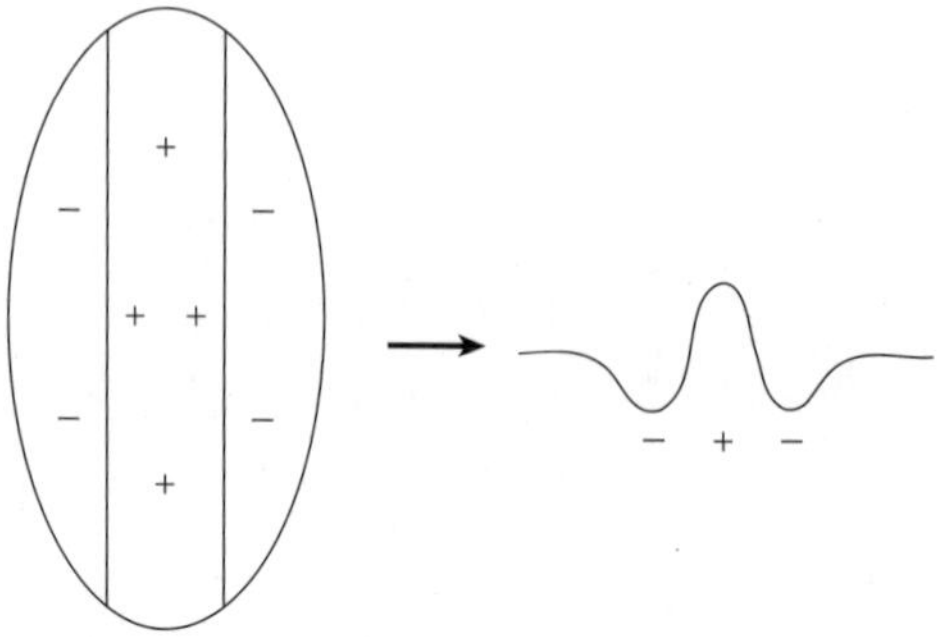

なっていることを示したのです。このことから、ド・バロアらは単純細胞がじつは、ある範囲の空間周波数を抜き出す帯域通過フィルタの役割を果たしていると考えました。じつはこれが双直交ウェーブレットと類似した形になっているのです。参考までに双直交ウェーブレットの一つを一次元の場合にグラフにして描いたものを載せておきます（図10）。

ここで私ごとになりますが、ウェーブレットを用いて錯視の研究を行おうと考えた動機と先行研究について述べておきます。私はもともと純粋数学の研究をしていました。それがあるとき、錯視の研究において近年フーリエ解析が使われていることを知りました。しかしそれなら

図９　アルブレヒトによる実験（カールソン、神経科学テキスト、脳と行動、丸善株式会社より転載。De Valois and De Valois, Oxford Univ. Press, 1988 から改変されたもの）

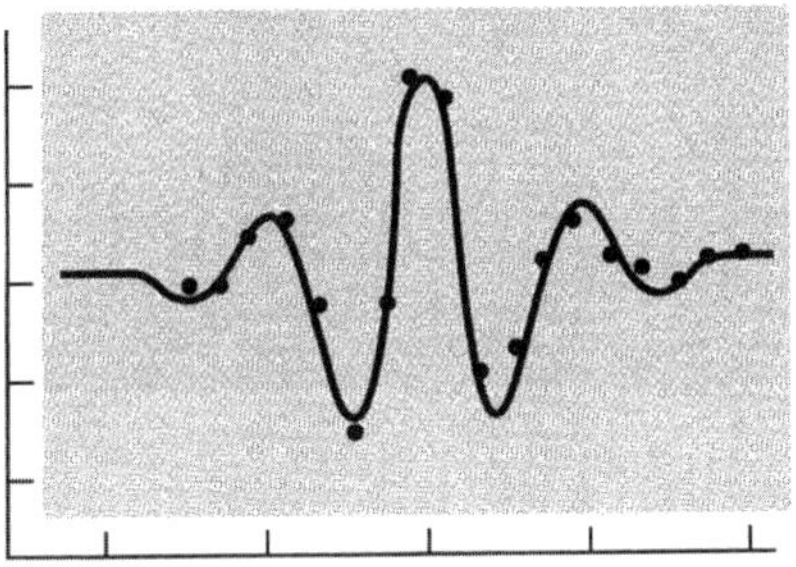

図 10　双直交ウェーブレット（１次元）のグラフ

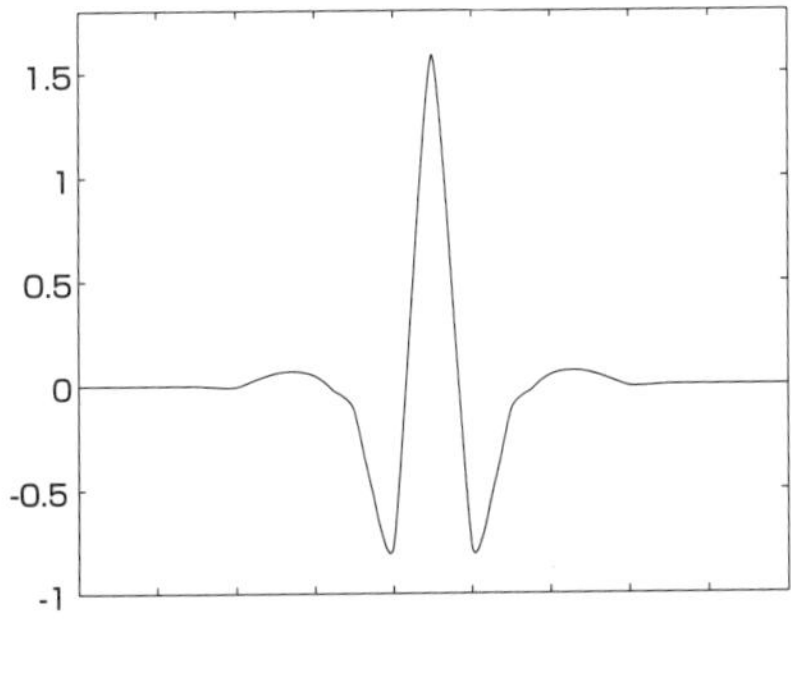

ウェーブレットの方がよりよいのではないかと考え、一念発起してさまざまなウェーブレットを用いて錯視発生のシミュレーションを始めたのです。膨大な計算機実験の結果、双直交ウェーブレットと最大重複法を組み合わせた方法が錯視の良いシミュレーションを与えることがわかりました。しかし最初はいろいろなウェーブレットの中で、なぜ双直交ウェーブレットが良いのかわかりませんでした。しかしおそらく実際の視覚と何らかの関係があるに違いないと思い、神経科学のことを調べました。そして先に述べたアルブレヒトの実験結果を知り、双直交ウェーブレットが図9と類似していることがわかったのです。ところで、それと同時に視覚の研究をしている人たちはこの受容野のプロファイルに類似した関数としてガボール関数やDOG 関数といったものを使っていることも知りました。しかしなぜウェーブレットの最新理論が本格的に使われなかったのでしょうか。B・Bハバート著『ウェーブレット入門―数学的道具の物語』（朝倉書店2003）に次のような記述があります。

エドワード・アデルソンは「ウェーブレットという革命が視覚の研究にそれほどインパクトを与えなかった」ことを残念がる。「ガボール関数のような関数、そしてピラミッドのようなマルチ・スケール表示はもちろん重要であるが、それはずっと以前から知っているものだ。私は、新しい数学的道具が、人間の視覚に対してはよりよいモデルを、コンピューターによる視覚に対してはよりよいアルゴリズムを開発する助けとなる、と期待していた。しかし、情熱を傾けて努力したにもかかわらず、そうなっていない。あれほど我々の注意を引いた新しい数学も、古い数学ですでにできていたこと以上には何もできない…」（前掲書144頁）

しかし私たちの研究では視覚系の数理モデルとしてウェーブレットを基礎にし、最大重複方式と非線形処理を組み合わせて、古い数学を用いてできたこと以上に、多くの良い錯視発生のシミュレーションとさまざまな視覚・錯視に関する分析を行うことができました。ガボール関数は単純細胞を神経科学的に真似るには作りやすく、神経科学ではよく使われていますが、錯視の計算機シミュレーションや脳の非線形処理の数学的なモデルを考えるには、ウェーブレットの方が適していると私は考えています。

†視覚の非線形数理モデルと錯視のシミュレーション

以上述べてきたようにウェーブレットは視覚の数理モデルの研究に適した道具です。しかしウェーブレットで画像を分解すれば、すぐに視覚の数理モデルになるというわけではありません。さらにいろいろな処理を加えなければなりません。たとえば視覚は受容野による局所的な情報処理以外に、ニューロンによる水平結合により大域的・非線形的な情報処理をしていることが知られています。[注3] じつはこの非線形性を数学的にどのように表現するかが、数学的方法による視覚の研究における本質的な問題の1つであるといえます。私たちはそのような中から次のような処理に着目し、数学化しました。それは、

画像の中に大きなコントラストの差があるときは、小さなコントラストの差は抑制され、大きなコントラストの差がないときは、小さなコントラストの差は強調される。

というものです。視覚がこのような処理を行っていることは、図11を見ればすぐに確認できます。各図の中央にあるグレーのストライプは2つとも同じ輝度（明るさ）をもっ

図11　視覚情報処理の非線形性を示す錯視

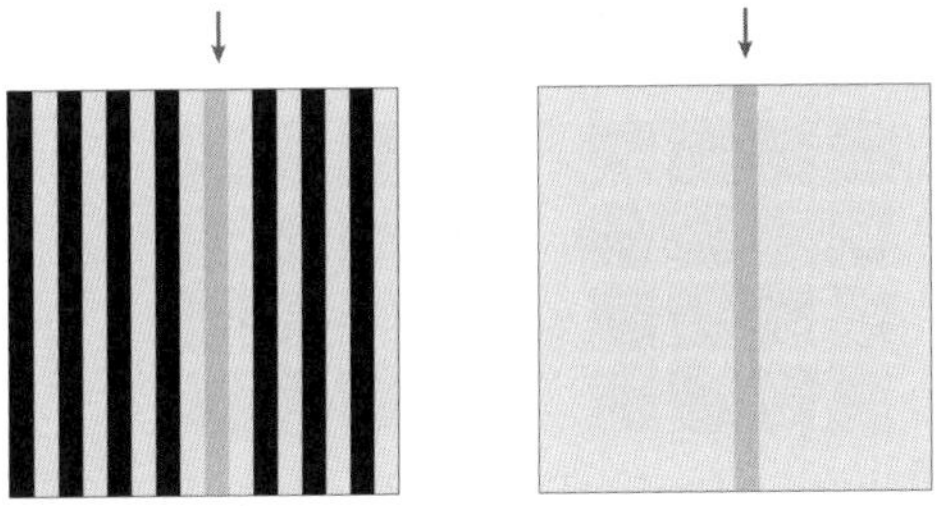

ています。しかし、左の図は、周囲に強いコントラストがあり、この場合ストライプの輝度は抑制されているように見えます。一方、右の強いコントラストのない図ではストライプの輝度は強調されているように見えます。これは必要な情報を良く見ようとするためにわれわれの視覚系に備わった処理であると考えられます。

私たちは、最大重複双直交ウェーブレットとこのような非線形情報処理を考慮した数理モデルを作成しました。これについての説明は専門的になるので、ここでは述べられませんが、その代わり実際に私たちの行った計算機シミュレーションの

注3　「非線形」とはどういう意味かというと、比喩的に述べれば次のようなことです。1本10円の鉛筆を5本買うと50円、10本で100円になります。これが「線形的」ということです。これに対して、5本で45円、10本で70円というような単純な加算にならないようなものが「非線形的」ということです。

図12　ヘルマン格子錯視のシミュレーション

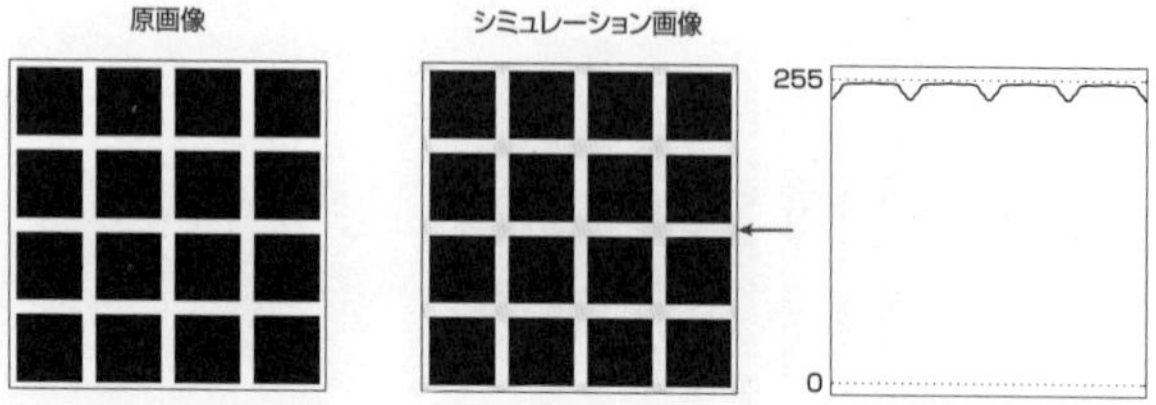

一部を見ていただくことにしましょう。そして錯視について数学的な分析を加えていきたいと思います。

ヘルマン格子錯視の解析

図12の左が最初にお見せしたヘルマン格子錯視図形です。中央は計算機シミュレーションで出力される画像です。シミュレーション画像では薄暗いスポットが実際に現れていますが、わかりやすくするため、その画像の中心を通る水平線に沿った断面での輝度のグラフを示します（右図）。グラフは白が255、黒が0の256階調で表されています。もし錯視が現れないならば、白い道の断面図なので、255の定数関数のグラフになるはずです。しかし、丁度白い道の交差点の位置が

少し窪んでいます。これは、その位置に薄暗いスポットが現れていることを示しています。[注4]

ところでヘルマン格子錯視がなぜ発生するかは、いくつかの説があり、特にバウムガルトナーによる同心円型の受容野による側抑制説が非常に説得力のあるものでした。これはたとえば網膜の神経節細胞の受容野がほぼ中心部とそれを取り囲む同心円型の周辺部からなり、中心部に刺激が加わると興奮が抑えられ（あるいは種類によっては促進され）、一方周辺部分に刺激が加わるとその反対の反応を示すという性質から、錯視を説明するというものです。しかしその後、ヘルマン格子に関連した現象で、同心円型の受容野による側抑制説では説明のつかないものがいくつも発見されつつあります。たとえば1984年にはヴォルフェが格子の数が多いほど錯視量が増えることを、1971年にはシュピルマンが格子を斜めにすると錯視量が減ることを指摘しています。これらの現象は先に述べた非線形情報処理による計算結果としてシミュレーションすることができます。その結果が図13、14です。現在ではヘルマン格子錯視が発生する原因に大脳皮

注4　この結果からここでの解析は中心窩に関するものではないことがわかります。中心窩から周辺視までの統一的な処理を行うには網膜部位再現をモデル化する必要があります。

図 13　斜めのヘルマン格子のシミュレーション

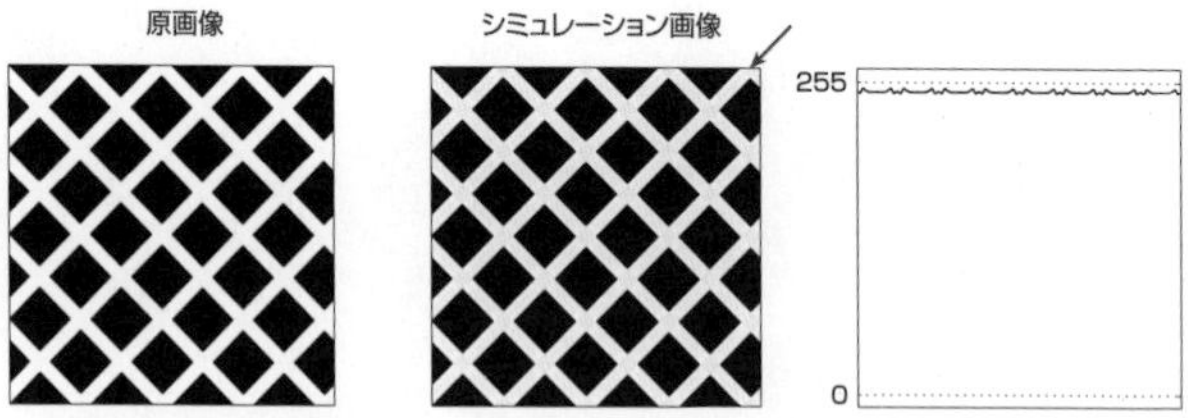

図 14　格子の数が少ない場合のシミュレーション

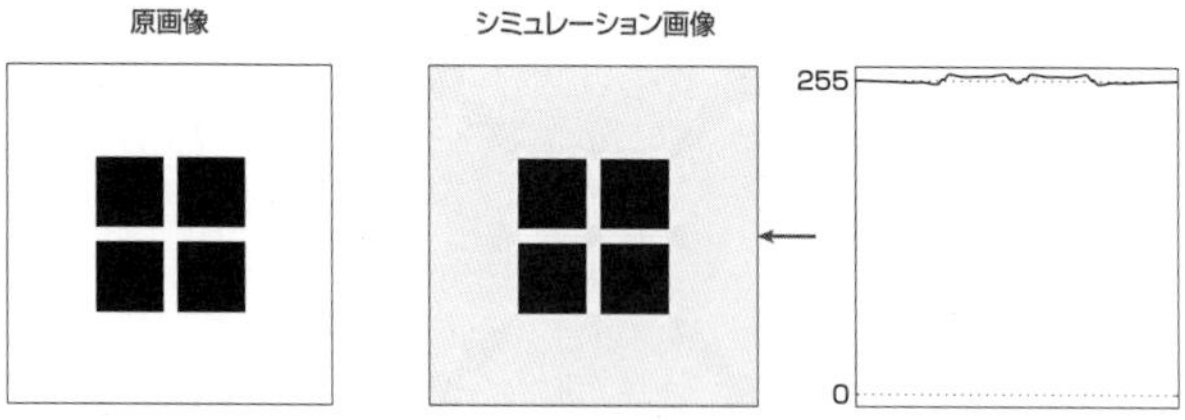

質での情報処理も深く関わっていると考えられるようになってきましたが、私たちの数学的な解析はその説を支持すると同時に、具体的にどのような大脳皮質での非線形情報処理が要因となっているかを数学的に示しています。

カフェウォール錯視の解析

ここでは冒頭で挙げたカフェウォール錯視について数学的な分析をしていきたいと思います。１９０８年にフレーザーはカフェウォール錯視の１つともいえるミュンスターベルク錯視について、錯視の要因はねじれ紐（図15）と同じであることを唱えました。ミュンスターベルク錯視とは、カフェウォール錯視図形の灰色の線の部分が暗い正方形と同じ輝度になっているようなものです。

その後、モーガンとモールデンが１９８６年に帯域通過フィルタリングにより、フレーザーの説を支持する結果を得ました。私たちの数理モデルによる分析は次のようになります。まずカフェウォール錯視図形（図16左）を私たちのシステムに入力します。その出力のうち錯視が関連する水平部分から、非線形処理を加えない水平部分を引いたものを計算します。その結果が図17の左のものです（ただし見やすくするために適切にスケー

図 15　ねじれ紐

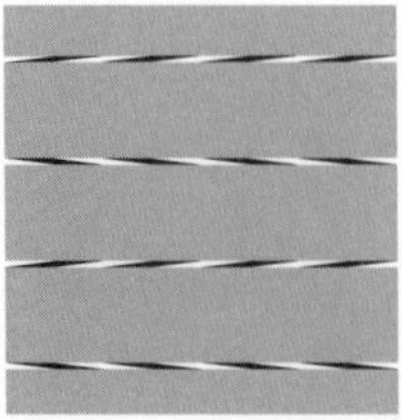

図 16

図 17

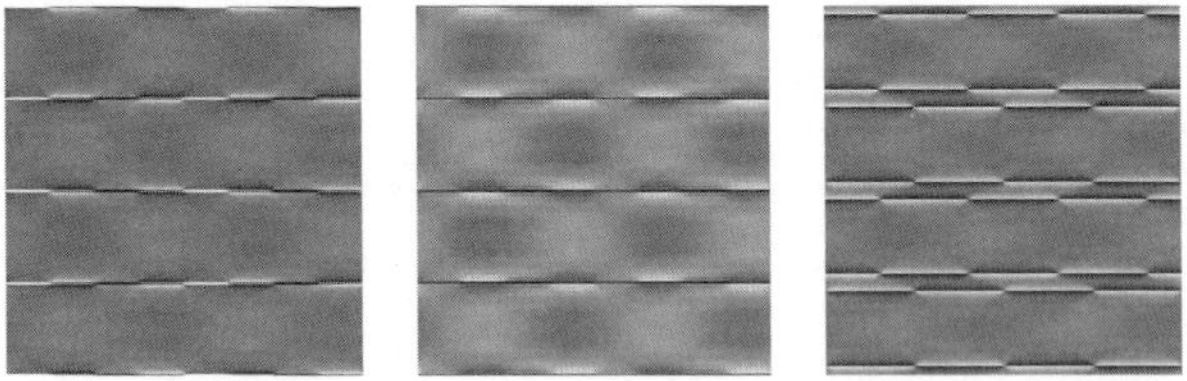

リングしてあります）。この結果より、カフェウォール図形にはねじれ紐が含まれているだけでなく、非線形処理によりそれが強められていることがわかります。ところで、カフェウォール錯視図形の線の部分を小正方形よりも黒くすると、錯視が現れない（図16中央）、また線の部分を太くすると錯視が現れない（図16右）ことが知られています（グレゴリー、ハード。１９７９）。これらの図形に対しても、カフェウォール錯視図形と同様の計算をしてみます。すると結果は図16中央に対するものが図17中央、そして図16右に対するものが図17右になっています。この場合はねじれ紐がこの操作で現れません。線の太いカフェウォール図形には、逆向きのねじれ紐が帯域通過フィルタリングで得られることが知られています（アール、マスケル、１９９３）。私たちの数理モデルでは、これが非線形処理により強められ、実際に現れることを数学的に示しています。注意深く図16右を見ると、この強められた逆向きのねじれ紐が灰色の太い線上に見えることに気が付くでしょう。

なお、どのようなメカニズムで、ねじれ紐が「線が傾いている」という認識を引き起こすのかはわかっていません。これは高次の視覚情報処理に関する難しく、しかも重要な問題です。

自然画像に対して

さて、これまで錯視図形のような人工的な画像について調べてきましたが、ここで自然な画像に対して私たちの数理モデルを適用してみます。原画像は図18左です。これに私たちの数理モデルによる情報処理を施すと図18右のようになります。たとえば山の稜線、枝などが鮮明になっていることがわかるでしょう。この数理モデルを用いた画像処理では、不必要に画像を損なうことなく、画像の中で鮮鋭化してほしい場所を鮮鋭化してくれることがわかります。錯視を発生させたものと同じアルゴリズムでこのような画像処理ができるのです。

人によっては、錯視が起こるのは視覚系の欠陥によるという意見もあります。しかしこういったシミュレーションから、錯視はむしろものをよく見るためにできあがった「視覚」という情報処理システムの副産物であると私たちは考えています。

†新しいウェーブレット・フレームの構成

私たちはこれまで最大重複双直交ウェーブレットを数理モデルをつくる1つの部品と

図 18　左：原画像、右：数理モデルによる処理後の画像

して使ってきました。しかしこれにはなお改良の余地が残されています。たとえば方位選択性ですが、2次元ウェーブレットでは図5のような水平、垂直、対角の3方向しかありません。最近ヤングは実験的研究に基づいて単純細胞にはもっといろいろなタイプのものがあり、たとえば受容野のプロファイルのグラフとしてガウス関数の高階導関数も含めた方が適していることを指摘しました（図19。図9と比較してみてください）。そこで私たちはヤングの要請も組み入れた新しいウェーブレット・フレームを構成しました。ここではそれによって得られるフィルタの1つの例の図を載せておきます（図20）。多くの方向性があることがわかるでしょう。

図 19　ガウス関数の導関数のグラフ

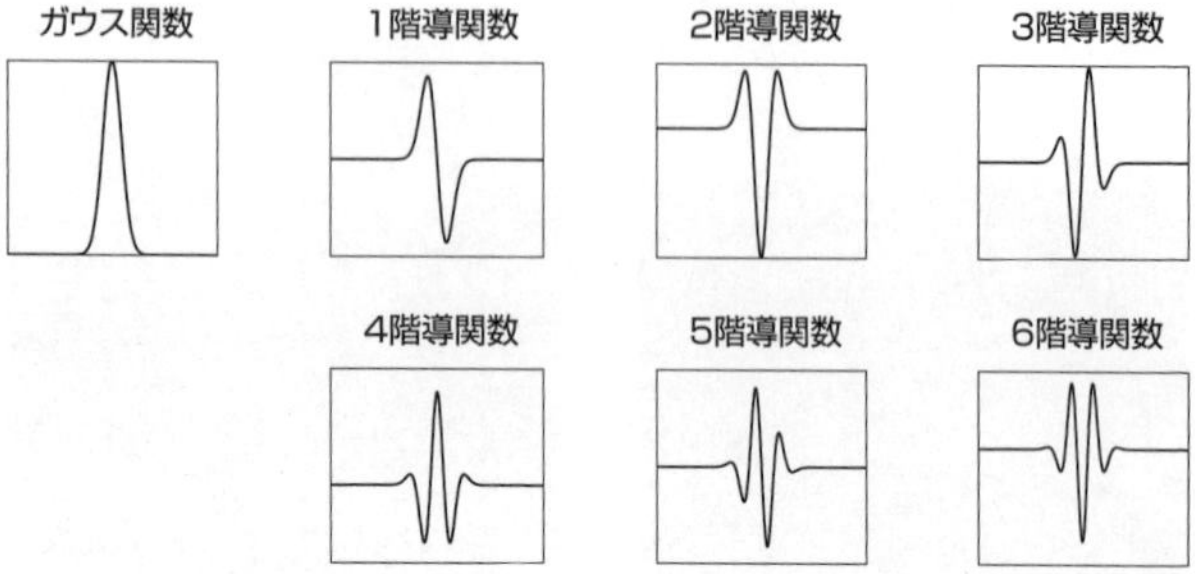

ところで高階ガウス導関数に類似の単純細胞の役割はよくわかっていないとされています（Bruce, Green, Georgeson 2003）。これに対して、私たちのフィルタの数学的な構成から、次のような仮説を立てることができます。

高階ガウス導関数に類似のフィルタは、低階のものと協同して方位選択性の性能を高めている。

このウェーブレット・フレームは人間の視覚機能をもとに設計してあり、しかも方位選択性、周波数選択性において優れた性能をもっているため、将来的には、画像処理などに応用可能であると考えています。

図 20　新しく開発したウェーブレット・フレーム（新井・新井 2007）

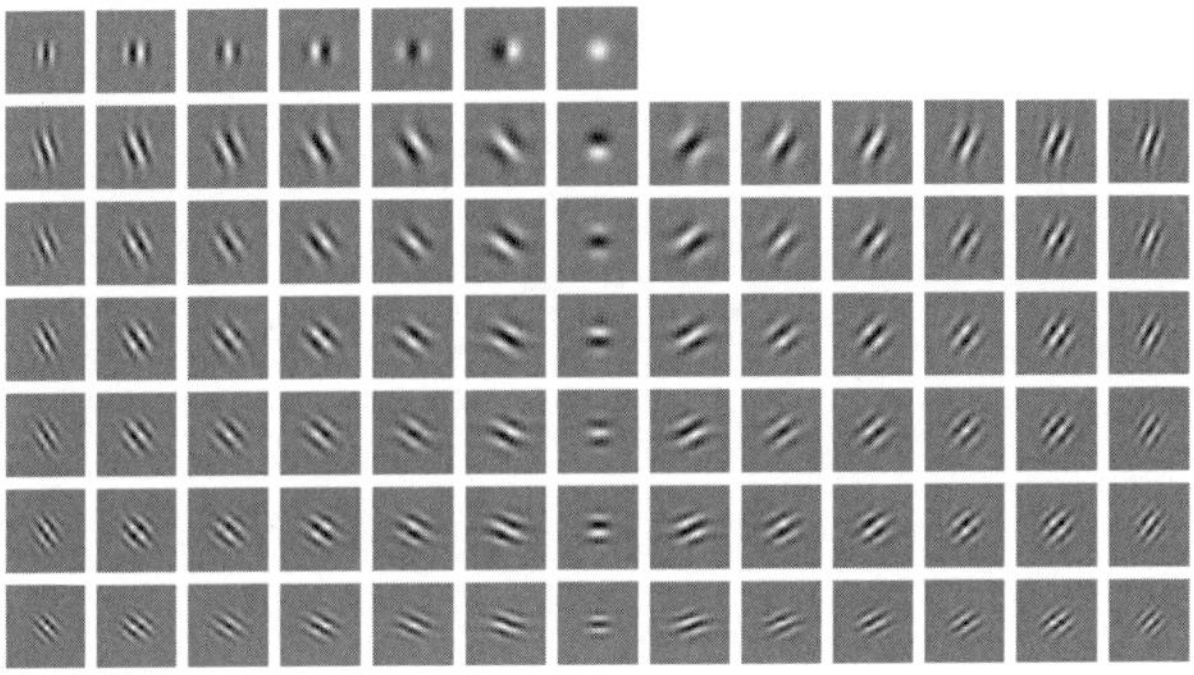

†おわりに

ここでは先端的な数学を用いた錯視と視覚の研究成果の一端を述べました。このほかにもさまざまな錯視について、その発生の統一的な方法によるシミュレーションができます。数理モデルとしては、この統一的な方法で多くのことが説明できるということが大変重要なことです。

ところで逆にシミュレーションできない錯視もあります。このことは、そういった錯視がＶ１野より高次の情報処理で起こることを示していると考えられます。

現在はより高次の視覚情報処理とそれに関

連した錯視を数学を用いて研究しています。この方面の研究には、今後ますます高度な数学が必要になり、また必要に応じて新しい数学も作っていかなければならないと感じています。

第 2 章

【特別寄稿】

21世紀の数学像

√√√√√

藤原正彦
(お茶の水女子大学理学部教授)

小島定吉
(東京工業大学大学院情報理工学研究科教授)

広中平祐
(財団法人数理科学振興会理事長)

本章は、雑誌「ＷＥＤＧＥ」２００７年５～７月号に掲載された記事に適宜加筆補正し、転載したものである。

ラマヌジャン、数論、暗号

お茶の水女子大学理学部教授　**藤原正彦**

◎……希有の天才数学者シュリニヴァーサ・ラマヌジャン

1887年、南インドの果てタミール・ナド州にラマヌジャンは生を受けた。家柄はヒンドゥー教徒のなかでも最も位が高いバラモン。インドに2000以上あるカーストの最上位である。母親は彼が幼いときから、ヒンドゥー教の叙事詩を聞かせて育てたという。

幼少の頃から学業は図抜けていた。しかし15歳のときにカーの『純粋数学要覧』という書物に出会い、ラマヌジャンは数学の世界にのめり込んでいく。他の学問への興味を失い、ひたすら数学に没頭する。その結果大学では片っ端から落第点を取り、1年で退学になってしまう。

しかし彼は、すさまじい勢いで数多くの定理を発見していく。6年間でおよそ3500個。「寝ている間にヒンドゥー教の女神が教えてくれる」と友人に語っていたという。その彼の才能を見抜いたのがケンブリッジのハーディー講師だった。「第2のニュートンを発見した」と興奮する様子を、友人であったバートランド・ラッセルが自身の日記に記している。そしてハーディーはラマヌジャンをケンブリッジに招聘する。

高校しか出ていないインド人。ケンブリッジでは異例の存在である。友人もできず、彼はひたすら寮の部屋で数学に励んだ。30時間数学をやり、20時間ぶっ通しで眠る。宗教上、肉が食べられないので、ほとんど口に入れられるものがない。ご飯にレモンをかけて食べるという食生活だった。

そういう生活が祟り、渡英後3年で病魔に襲われる。そしてインドに帰国して1年、32歳でこの世を去った。短い生涯ではあったが、彼が数学史に残した業績は計り知れないものだった。

特に数論における分割数に関する研究は、後に加法的数論の中心となる方法を開拓したものだった。また、「ラマヌジャン関数」に関する予想は、1955年に東大の谷山豊が発見した「l進表現」を用いてドリーニュにより証明された。彼の死後50年を経て証明がなされたわけだ。

結局、彼が残した3500の定理を、世界中の数学者が証明し終えたのが1997年。彼が生み出した無意味にも思える数々の定理が、今や理論物理の世界でも応用されている。πの計算、高速計算にも使われている。そして彼がインドに帰国して、病床で行った研究に関しては、いまだよく理解されずにいる。

◎……偉大な天才数学者が生まれる3つの条件

天才数学者はいかにして生まれるかを考えたとき、「天才は人口に比例して生まれるものではない」という確信が私にはあった。実際に、世界の天才数学者が生まれ育った環境を調べると、そこには共通する3つの条件が整っていた。

第1は美の存在。自然にしろ建築物にしろ美しいものがあること。第2は精神性の高いものを尊ぶ風土があること。役に立つものだけを追求するようなことはしない。そして第3には、何かにひざまずく心をもっていることだ。

例えばラマヌジャンが生まれ育った地方は、ヒンドゥーのメッカである。私は2度インドに足を運んだが、とにかく美とは縁遠い国である。街中が不潔だし、水さえ細菌が多く飲めたものではない。ところが彼が育った地方には極端に美しい寺院が点在し、非常に美しい。まるで彼の数学の公式のような美しさである。

現にその村の半径40キロ以内に、20世紀を代表する天体物理学者チャンドラ・セカールや、「ラマン効果」を発見した物理学者のラマンなどの出身地がある。インドの中では特殊と言えるほどに美しい寺院のある地方である。

そして、ヒンドゥーの密度が大きい。インドでは位の高さと貧富とは関係がない。金などなくても、精神性の高さに価値をみる。だからこそラマヌジャンは、16歳で学校を放校になってからの6年間、数学に打ち込むことができたわけだ。

仕事もせずに学問に没頭する我が子を、両親は貧しいながらも温かく見守っていたのである。ヒンドゥー教の神にひざまずきながら、美しい寺院で数学だけを考えて生きる。天才を育む条件がまさに整っていたと言えよう。

日本もかつては、天才を育むこの3つの条件が揃っていた。例えば、ライプニッツが発見したとされる「行列式」も、元禄時代には既に関孝和が発見していた。文字を書道にまで高め、お茶を飲むという行為を茶道にする。その美的感受性は日本のお家芸であった。そういう環境の中で多くの文学、美術そして数学が育まれていたのである。

残念ながら現代の日本は、そういったものが失われつつある。市場原理主義により、役に立つものばかりが尊ばれる。街からは美しさが消え、ひざまずくべき対象もなくなってしまった。少なくともこういう環境は、数学の天才を生まれにくくしている。

◎……数論と暗号の発達

ラマヌジャンをはじめとした数々の天才数学者が残してきた美しい定理。これらの数学が時を経て活用される時代がきた。その象徴的なものが暗号である。

外交や軍事における情報戦略として活用されてきた暗号は、どんどん複雑化されてくる。その解読には多く言語の専門家たちが関与していたが、それだけでは解読は不可能になってくる。特に第一次世界大戦の時代には、マルコーニにより発明された無線通信によってさらに暗号が大切となり、また難解になった。そして1930年代に入って、ポーランドが初めて数学者を組織的に起用したのである。

情報化時代においては軍事や外交のみならず、インターネットのパスワードや電子マネーに至るまで暗号化が不可欠なものとなっている。そしてその基盤となるのが、過去の数学者たちが考え抜いた数学、とりわけ数論なのである。2000年以上も、もっとも役に立ちそうもないと思われていた数論がなくては、現代社会は成り立たないと言っても過言ではない。

「数学の不合理なほどの有効さ」と言ったのは、量子物理学で有名なウィグナーだ。数学の指し示す通りに宇宙がなっていると彼は記している。そして偉大な数学者たちは、何かに役に立てようなどという浅はかな思いで定理を発見しているわけではない。ただそこに美しさを求め、宇宙の真理を追究しようとしてきただけだ。直截的に役に立つものばかりを追い求めている現在の日本が、果たして美しい姿であると言えるだろうか。

数学と美

3年程前に数学者、芸術家、脳科学者らを集めて、「数学と芸術の融合」をテーマにした異分野交流会議を開催したことがある。数学と芸術には様々な共通する視点があるが、ともに美を重視する点もそうである。

藤原正彦は、天才が生まれるための第一の条件として「美の存在」を挙げる。希有な数学者ラマヌジャンを育んだ地にもこの美があったと言う。この点は、氏の大ベストセラー『国家の品格』でもわかりやすく論じられている。またそこでは、「美しい情緒と形」の大切さも強調されている。ちなみに氏の御長男は私の教え子であるが、今時珍しく礼儀正しい好青年である。この意味でも、個人的実感として『国家の品格』の主張に首尾一貫性を感じる。

そして数学と美の問題は、それ程遠くない将来に脳科学の先端課題として浮上するに違いない。

（合原一幸）

トポロジーの100年

東京工業大学大学院情報理工学研究科教授　小島定吉

◎……トポロジーとは

フランス人大数学者ポアンカレが「位置解析」と題し主論文と5つの補遺からなる一連の論文を書いたのは、1895年から1904年の間である。この論文に端を発し数学の一分野が生まれ、ギリシャ語で位置を意味する「トポ」を語源として、トポロジー（位相幾何学）と呼ばれるようになる。

そして百余年を経て、今日ではトポロジーは数学の用語としてよりは、各種の変化形容をつけその見方を伝える用語として、科学のいろいろな場面に現れる。たとえば「DNAにおけるトポロジーの違い」とか「画像処理時のトポロジー復元」などである。トポロジーのこの100年は、数学が科学の言葉作りを担う学問であることを端的に物語っている。
トポロジーの見方を知るため、２つの図形は「トポロジーが等しい」という用語を、一方から他方へ伸縮で変形できるときに使う。「トポロジーが異なる」とは、一方をどのように伸縮しても他方には変形できないときに言う。円周は、どこかで切れば閉区間とトポロジーが等しくなるが、切らない限り如何に伸縮しても閉区間には変形できないので、閉区間とはトポロジーが異なる。

局所的にトポロジーが等しい図形は、病的な例を除くと、局所的にユークリッド空間であり、多様体と呼ばれ現代数学の花形である。多様体のトポロジーの局所的な違いは、なんと次元しかない。

１次元多様体は、コンパクトであればすべて円周とトポロジーが等しく、トポロジーの観点からは１種類しかない。よく言えば大らかな、悪く言えば大雑把な見方である。しかし２次元からは大域的なトポロジーの違いが多様に現れる。２次元では種数と呼ばれる多様体固有の整数がトポロジーを分類することが、19世紀半ばには知られていた。

◎……モジュライ

モジュライと呼ばれる空間がしばしば登場する。モジュライはラテン語の尺度単位を表すモジュラスの複数形で、モジュラスをいっぱい集めた集合である。数学では、モジュライにモジュラス同士の隣接関係を与え自然な位相を持たせる。別の言い方をすれば、モジュライはモジュラスを連続的にパラメトライズする制御空間である。現代数学では、何らかのモジュライのトポロジーを探る研究がたいへん多い。

たとえば、辺の長さが一定の辺の重なりも許す5辺形のモジュライ、すなわちそのような5辺形各々をすべて集めた空間は、5角形を24枚貼り合わせてできる図形であることが分かる。しかも各頂点にはちょうど4個の5角形が集まる。この組合せデータから種数が計算でき、等辺5辺形のモジュライは種数の4の2次元多様体になる。等辺5辺形をたとえばロボットのアームだと考えると、アームの動きを制御するパネルは、種数4の2次元多様体ということである。

このように、トポロジーが分かった空間によるモジュライの表現は、対象全体の鳥瞰図を提供してくれる。では、モジュライとなりうる2次元の次の3次元多様体のトポロジーは分かっているのであろうか？

◎……ポアンカレ予想

ポアンカレは「位置解析」の最後の補遺で、「単連結な3次元多様体は3次元球面とトポロジーが異なることがあり得るか?」という疑問を残している。(ここでは説明しない)単連結という性質を仮定すると多様体のトポロジーは1つに限定されるということの期待は、後にポアンカレ予想とよばれ、20世紀の数学を力強く牽引した。

たとえば4次元以上の同種の命題は、1982年までに驚くべき広がりをもってすべて解決された。しかし3次元では、少なくとも20世紀中に大きな進展はあったようには見えなかった。ごく最近まで3次元トポロジーは、ポアンカレ予想という素朴な問いに対しても答えを持っていなかったのである。

ところが2003年3月に、ロシア人数学者のペレルマンが、解決を主張する論文をウェブ上に公開し、事態は大きく変貌した。ポアンカレ予想は00年5月にクレイ数学研究所による各々100万ドルの懸賞金がかけられた7つの問題の1つでもあり、社会からの注目も集めた。そして月日をかけてペレルマンの難解な論文の詳細が検証され、今では世紀の大偉業との評価が確立している。

◎……解決への100年とこれから

ポアンカレ予想が解けた過程にはいくつかのエポックがある。1854年にリーマンがゲッチンゲン大学講師就任講演で、今日リーマン幾何と呼ばれる、計量に論拠する局所理論を提唱したが、解決にはそこまで遡る必要があった。ポアンカレはある意味でリーマンの立場を否定し、局所性よりは大域的トポロジーの研究に目を向け、1904年に予想を残した。その後75年までに3次元トポロジー固有の分解理論が完成する。ここまでが言わば古典論である。

80年にはサーストンが、分解後の各ピースのトポロジーとリーマン幾何の特別な場合である等質幾何の相性の良さを背景に、3次元多様体のトポロジーの分類に迫る幾何化予想を提唱する。幾何化予想はポアンカレ予想を含み、3次元多様体論を他の多くの分野に結びつけた。そして82年にハミルトンが幾何化予想に対し、リッチフローとよぶ、計量のモジュライ上のベクトル場に沿った多様体の伸縮変形によるリーマン幾何的アプローチに着手し、成果を挙げる。

ペレルマンは、95年頃からの長期の沈黙の後、リッチフロー解析の最大の困難を統計力学や熱力学の手法を導入することにより克服し、一気に幾何化予想、したがってポアンカレ予想の肯定的解決を宣言した。論文発表後専門家による検証が進む中、様々な人間ドラマがあったようで、06年8月には国際数学連合が数学界のノーベル賞と言われるフィールズ賞を授賞したが、彼は受賞を拒んだまま職からも離れ、現在は年金生活の母親と2人で暮らしているという。

一方、ペレルマンの去就とは独立に、ポアンカレ予想のような由緒正しい問題の解決は新たな歴史を創成する。2次元トポロジーは19世紀半ばには知られていたが、たとえばその代表役者であるリーマン面のモジュライのトポロジーは、昨今の超弦理論の中心課題の1つであり、トポロジーを知って得られる華やかな世界が世紀をまたいで今日ある。100年を経て分かった3次元トポロジーが今後どのような展開を繰り広げるのか、たいへん楽しみである。

数学の次の100年に向けて

フランスが生んだ万能の天才数学者ポアンカレは、「トポロジー」の創始者であるとともに、時々刻々変化していく諸現象を数学的に記述する「力学系理論」の開拓者でもある。過度の形式主義、公理主義を越えて、数学概念の意味づけを深く考察しながら未開の分野を次々と切り拓いて行った彼の学風を、山口昌哉はロマンチックな数学と呼んだ。「ポアンカレ予想」は、100年の時を経てペレルマンによって最近解決され、その論文はウェブ上という極めて今日的方法で公表された。多くの数学者たちによる長くて深い思考の継続が、数学を進歩させて行く。

小島定吉は、専門であるトポロジーの研究のみならず、日本数学会理事長として我が国における数学教育の充実をはじめ多くの重要な提言を行った。これらの努力は、数学の次の100年の進歩の礎となることだろう。

（合原一幸）

無限と有限

財団法人数理科学振興会理事長　広中平祐

◎……無限を否定する古代数学とカトリックの「一神教」

数学者にとって「無限」は非常に大切である。1900年、パリの国際数学者会議で「数学の23問題」を提示し、20世紀の数学の目標を示したヒルベルトは、晩年までゲッティンゲン大学で講義を続けたが、その講義録に「無限！　これほど人間の精神を動かした問題はなかった」という言葉が残されているほどだ。この「無限」の面白さについて、数学の歴史をひもときながら、できる限り簡単に紹介してみたい。

数学という学問の大黒柱は、「数」「形」「動き」の3つである。そのうち、「数」と「形」については太古の時代から発達した。古代ギリシャやメソポタミアでは、農作物の取引や税金の取立てと絡めて「数」が計算の道具として使われ、古代エジプトではピラミッドの建造などと結びつきながら「形」に関心が集まった。ギリシャでは有名なユークリッド幾何が発展している。

古代ギリシャにおいて、「無限」はアペイロン（apeiron）、つまり「きりのないもので、ある意味で汚いものであり、人間が認知するようなものではない」と一般的に考えられていた。ピタゴラスは「万物は数（自然数）なり」とし、「世界のどんな様相も有限個の自然数の配列で表現できる」と信じていた。哲学者プラトンも「究極の絶対である神さえ、有限であり決定的である」と考え、「無限はアペイロンである」という思想をピタゴラスと共有していたように思われる。

さらに進んでアリストテレスは、「無限」をつまり「欠陥概念」（privation）だととらえた。「きっちり正確にとらえられるような概念ではないから、空想のようなものだ」というような考え方である。

このアリストテレスの考え方が、中世ローマ・カトリック教会の教えに相当活用されたのではないかと考えられる。アリストテレスの宇宙像は、「地球を中心に月や水星などの天体を配置し、その周辺に天使の天球を置き、その外にある天空（最高天）は一点に集約され、そこに神が存在する」というものだった。「無限」を「欠陥概念」ととらえ、最後は「有限」なる一点に集約させる宇宙観は、唯一絶対なる神を信奉するカトリックの「一神教」と親和性が高かったのではないか。

事実、カトリック教会における、もっとも重要な哲学者の一人、トマス・アクィナスは「実無限（実在する無限）の集合は存在不可能である」と述べている。その根拠は「どんな集合もはっきり明示できなくてはならないし、構成要素も数で指定できなければならないが、無限大という数は存在しない」「すべての集合は、創造主がはっきりとした目的をもって創造されたはずで、したがってはっきりと数えられなくてはならない」というものだった。後に数学者カントールはこれを批判して無限順序数を導入した。

◎……「無限」をめぐる宗教裁判とルネサンスが生んだ「動き」の数学

しかし、こういったローマ・カトリックの「一神教」的世界観には、反論が提示されていく。コペルニクスやガリレオ・ガリレイの地動説が有名だが、「無限大」の悲劇として紹介したいのは、16世紀の哲学者、ジョルダーノ・ブルーノである。

自然哲学を勉強し、コペルニクスの科学的新思想も学んだブルーノは、アリストテレスの考え方に異を唱え、「宇宙は無限大であり、宇宙の中の一切の事物が神の顕現である」

と説いた。その後、ベニスの大富豪に「個人教師に」と騙されて招待されたブルーノは、異端者審問にかけられ、火あぶりの刑に処せられる。

ガリレイは30歳のころ、ブルーノが火あぶりになったことを知ったらしい。それもあってか、一時期は、「無限大」について少し遠慮したり、曖昧に言ってみたり、教会が禁じることは公的に主張しないという慎重姿勢をとっていたようだが、その後、地動説を展開する『天文対話』を出版するに至り、第二次宗教裁判で異端者として幽閉され、失明し病死する。

しかし、このようなカトリック教会の教条主義とは違った、別の地下水脈とも言うべき自然主義ルネサンスの流れがあったことが、数学の発達には幸いした。ガリレイの重力運動の方程式、ケプラーの惑星運行の方程式……と進化した科学は、ニュートンとライプニッツによる「微分積分学」の創始をもたらした。ここに、数学の3つめの柱、「動き」の数学が満開期を迎えるのである。

ニュートンとライプニッツのどちらが先に発見したかで大いなる確執があったが、これは微分積分がいかに重要かを、自ら強く認識していたことの証左でもある。実際、微分積分学が導いた「動き」の数学は、18世紀から19世紀初頭にかけヨーロッパで飛躍的な進化を遂げ、工学、産業社会の発達をもたらし、西洋が世界を引き離すきっかけを作っていった。

ニュートンやライプニッツの偉大さは、「無限」をまったく恐れていないことにある。「無限大」や「無限小」という発想が、微分という極限の考え方をもたらしたのだ。

ここで、日本の関孝和という数学者を並べて考えると実に興味深い。ニュートンやライプニッツとほぼ同時代を生きた関は、微分ではないがそれに近い差分のような数学を和算で行っている。和算の基礎にあるのは、西洋の「無限大・無限小志向」ではなく、「近傍主義」だ。一点ここだけというのでも、全体というのでもなく、「大体このあたり」という思考だ。この背後には、西洋の「一神教」・「信条主義」とは異なる、東洋の大衆的な「〝汎〟神教」と「曖昧思考」があるのではないかと私は考えているが、これは今後の研究を要する。

◎……数学の社会的帰属と文化的独自性

西洋の数学界においては無限と有限に関する議論は延々と続いている。数学の使命が「無限大（心象風景）」と「有限（機械世界）」の橋渡しにあるからだ、と私は考えている。

人間の頭で考えられることは無限だが、機械やコンピュータ操作は有限だし、地球上の電子の数さえも有限である。本質的に無限であるものに有限の特徴付けや分類を行っていく、という「無限大の有限化」が数学の社会的ミッションではないだろうか。

数学とは何か。数学の文化的独自性は、「科学技術すべての〝母〟である」という考え方にある。お母さんが理学や工学を教えてくれるわけではない。研究や事業がうまくいかないからといってすぐお母さんが飛んで来てくれるとは限らない。しかし、年を取ってもお母さんがいてくれた方がいい。そんな、すべての科学にとっての「安心感の原点」「精神的な支え」が数学にはある。

数学を育む

広中平祐はフィールズ賞を受賞した20世紀を代表する数学者であるが、もう1つ大偉業がある。氏が創始し30年近く続いている、高校生らを対象にした「数理の翼夏季セミナー」である。これまでに1000人以上の多彩な人材を、きら星の如く輩出してきている。

私がその講師を務めた時のこと。若き参加者達に、「質問にはいい質問、悪い質問の区別はない。自身の疑問を素直に問うのはすべていい質問である」と言われた。今でも鮮明に記憶に残る素晴らしい言葉だ。その後、私をチラッと見て一言、「ただし、答えにはいい答えと悪い答えがある」。大数学者の厳しさを垣間見た気がした。

今日数学の役割は、科学技術の母として、教育や産業応用も含めてその重要性がますます増大している。数学界の至宝、広中平祐に対する期待は大きい。

(合原一幸)

第 3 章

数学がかなえる未来

—東大合原研の数理工学最前線

√√√√√

人間関係の数理

今　基織（Motohri Kon）

あなたは人間関係に悩んでいませんか？　昔から人は、他者との関係に多大な関心を寄せてきました。「板ばさみ」、「敵の敵は味方」、「思えば思われる」。こうした人間関係についての言葉は枚挙にいとまがありません。また、ストレスの要因の1位は人間関係です。このように、他者との関係が私たちの生活において大きなウェイトを占めています。従来、こうした関係性は心理学を中心として扱われてきましたが、これを数理モデル化してみるとどういうことが分かるでしょうか。

モデル化するためには、感情を数値化し、それを変化させるための法則を考える必要があります。まずは誰かと直接やりとりする場合を考えましょう。冒頭の諺「思えば思われる」にもあるように、人間には自分が好意を持つ人からは自分も好かれる傾向があります。当然逆も然りです。こうした傾向を〝相応性〟といいます。しかし、直接やりとりしなくても、他者への評価を変えることがあります。噂の影響などはその典型とも言えるでしょう。ここでは、他人同士がやりとりするのを観察している状況を考えます。自分の好きな人が悪く言われたら、自分が悪く言われたかのように感じて悪口を言った人への評価は悪くなるでしょう。逆に、嫌いな相手を悪く言う人については好印象を抱くかもしれません。このような現象を〝感情の同一視〟といいます。

この2つの現象を元に人間関係の変化をモデル化します。まず、相手に対する感情は－（マイナス）1から＋（プラス）1の間の値をとるとします。正の値ならば相手を良く思っているとし、逆に負ならば相手が嫌い、つまりネガティブな感情を抱いているとします。相手に対して行動を起こす割合は、その人に対して抱く感情の強さに依るとしましょう。その行動によって、相手は自分が向けた感情と同じ符号の方向に感情を変化させます（相応性）。このようなやりとりを観察した第三者は、行動を起こした人に対しての感情を変化させます（感情の同一視）。例えば、自分が嫌い人にネガティブな行動をした場合は、行動した人に対して正の方向に感情を変化させるということです。

この2つの効果を組み込んだ仮想的な行動主体をつくり、関係がどのように変化するかを見てみます。ここでは3人の場合を考えます。3人の間の関係を初期値としていろいろな値を与えて相互作用させると、ある傾向が見えてきます。まず、どの2人を見ても、お互いの相手に対する感情は符号が同じになります。次に、3人全体の関係を見ると、ほとんど現れない状態がいくつかあります。ここで、3人の間の関係を符号だけで表すことにします。例えば全員の関係がうまくいっているなら（＋＋＋）と表すことにします。2人の間の感情の符号は一致しているので、＋だけで2人がお互いに良い感情を向けていることを表します。ほとんど現れなかった関係は(＋＋－)、(－－－)でした。ただし、（＋＋－）も（＋－＋）も（－＋＋）も同じとします。初期値として（＋＋－）となっている場合、最終的には全員が仲良くなるか、＋の関係のうち1箇所がマイナスに変化して安定します。これを実世界で考えると、（＋＋－）は板ばさみの関係を表します。その状況で板ばさみにあっている人が、とりなして関係が修復するか、どちらかについて1対2になる、というような状況となっています。初期状態が（－－－）の場合は、1箇所関係が改善されて安定します。2人が結託してもう1人を排除するような状況です。つまり（＋＋－）と（－－－）は不安定な関係で、変化して安定な状態である（＋＋＋）か（＋－－）のどちらかになります。安定な場合の前者は全員の仲が良い場合を表し、後者は敵の敵は味方、というような状態になっています。

　こうした関係性の安定性については１９６０年代から心理学において提唱されてきました。これをバランス理論といいます。この関係の安定性は３人以上の場合でも議論されています。実は、今回紹介したシミュレーションは、３人以上でも、このバランス理論の考察とよく一致しています。このように、相応性と感情の同一視の２つの効果が、実際の対人場面における感情変化則として有効だということが分かります。

　もちろん、このシミュレーションでは人間関係を非常に単純化しています。実際にはもっといろいろな現象を考慮する必要があるでしょう。しかし、この結果を少し掘り下げると次のことが考えられます。例えばあなたが誰か特定の人から好かれたいと考えているとしましょう。その場合あなたはどうするでしょうか？　もちろんその人に直接アタックするのも有効です。つまり相応性の効果です。しかし、周りに人が多くいる場合、シミュレーションでは直接やりとりするよりも、その周囲の人に対してどのように行動しているかを見せることの方が効果的になるということを示唆しています。時には一歩引いて周りに対して配慮することが、人間関係をスムーズにするための近道になっているかもしれませんね。

腹話術の数理

佐藤好幸 (Yoshiyuki Satoh)

腹話術をごらんになったことはあるでしょうか。人形を持った人が、人形の口を動かしながら、しかし自分の口は動かさずに器用にしゃべるという芸です。そうすると、観客にはまるで人形がしゃべっているかのように、声が人形の口から出ているかのように錯覚します。このとき、観客の脳の中では視覚情報と聴覚情報の統合が起きています。目では人形の口が動くのを（そして人の口は動かないのを）見て、耳では声を聞きます。その情報を統合した結果として人形の口から声が出ているという錯覚が起きているわけです。

これを位置の錯覚だけに注目して、もっと単純化した実験を考えてみましょう。真っ暗な部屋の中で、一瞬だけ小さな電球が光ると同時に、少し違う場所で音がピッと鳴ります。そうすると、その音は本当の音の位置ではなく、光の位置から聞こえたかのように感じるのです。これを心理学の用語で、「腹話術効果」と呼びます。しかし、電球と音が遠すぎるとこの効果は起こらなくなります。なぜ音が光に引き寄せられるのでしょうか？　なぜその逆ではないのでしょうか？　なぜ位置が近いと起こって遠いと起こらなくなるのでしょうか？　これらを数学的な観点から説明してみましょう。

まず、人間は光や音などの刺激の正確な位置を常に知覚できるわけではありません。光や音を全く同じように繰り返し出しても、毎回人間の反応は異なります。この理由としては、刺激が脳で最終的に知覚されるまでに様々な要因のランダム性が加わるからであるという説が有力です。このランダム性のことをノイズといいます。目や耳の処理自体にもノイズがありますし、そこから脳に伝わる経路、脳の中での処理にもノイズが加わります。脳はこのようなノイズが加わった情報をもとにして、ノイズが加わる前の本当の情報を推測する必要があるのです。

数学的にはこのような推測は、統計学の一分野である統計的推測という分野で研究されてきました。今回はその中でも特に、ベイズ推定と呼ばれる推定法を考えます。ベイズ推定とは、観測した結果からわかる情報と、推定したいことについて事前に持っている情報とを組み合わせて推定を行う方法です。この事前知識を推定に取り入れるところがベイズ推定の特徴です。

今の場合、事前知識は何でしょうか？　それは、同じ原因から出た光と音は同じ場所から来るはずだ、という知識です。この事前知識を観測結果と結びつけます。つまり、光と音を少し違うところから来たように観測したけれども、それはきっとノイズが加わっているせいであって、もしそれらが同じ場所から来たとするならどこから来たと思うべきだろうか、ということを推定することになります。

この時、情報の信頼性が重要になってきます。より信頼のある情報に重きを置いて推定したほうがよい推定になります。数学的には、信頼性のある情報とはノイズの少ない情報のことです。ノイズが少ないほど細かい場所まで識別できるようになります。では位置に関する情報なら目と耳でどちらが信頼できるでしょうか？　それはもちろん目の情報です。つまり、光の位置のほうが信用できるので、光に近い位置に本当の源があると推定することになります。これが、音が光にひっぱられる理由です。

しかし、光と音が同じ位置から出るのは、同じ出来事から起こっている時だけです。違う出来事から生じたものであれば、同じ位置である必要はありません。その時に同じ位置だと思って推定してしまったら、むしろ推定を間違えてしまうでしょう。あまりに遠いところから光と音が出ていたら、同じ原因から来ているとは思えないので、位置は無関係だという事前知識を使ったほうがいいのです。つまり事前知識には2種類あって、光と音が同じ出来事から来ていそうかどうかで使い分けるほうが良い推定ができるのです。これが、遠い位置の時に腹話術効果が消える理由です。

話を腹話術の話に戻しましょう。腹話術師は不自然に高い声でしゃべるのがほとんどですが、これはなぜでしょうか？　2種類の事前知識のうち、同じ出来事のほうの事前知識を観客に使わせようとする努力だと解釈することはできないでしょうか。腹話術師とは似つかない人形っぽい声で動きと同期させてしゃべることで、声と動きが同じ源から来ていると思わせようとしているのです。その結果私たちの知覚は事前知識の使い方をまんまとごまかされ、人形から声が出ているような不思議な感じを味わうことができるのです。

ここまで、数学的な推定で人間の知覚が説明できるという話をしてきました。しかし私たちはこのような推定を日常意識的に考えてはいません。この推定は無意識のうちに脳内で行われていて、その結果を私たちは知覚するのです。良い推定ができればそれだけ生存に有利になるわけですから、おそらく進化によってこのような数学的に良い仕組みを獲得したのでしょう。

今回は視覚と聴覚の統合の話でしたが、人間の情報統合はそれだけではありません。コップに手を伸ばすときは、目で見たコップの位置に手を動かすという、視覚と運動の統合が起きています。さらに視覚だけでも、たとえば赤いリンゴを見るときには、色の情報と形の情報という異質の情報が組み合わさっています。これらの脳内情報統合の仕組みを、数学を使って解明することを目標に研究を進めています。

強化学習の数理

奥　牧人（Makito Oku）

今からおよそ10年ほど前、人工知能史に残る1つの事件が起こりました。当時のチェスの世界チャンピオン、ガルリ・カスパロフ氏が、ＩＢＭのスーパーコンピュータ、ディープ・ブルーに敗れたのです。このニュースは当時衝撃をもって世界に伝えられました。しかし、それとほぼ同時期に、バックギャモンでもコンピュータが人間に追いついていたという事実を知っている人は一体どれだけいるでしょうか。さらに、ＴＤギャモンと呼ばれるそのプログラムでは、なんとディープ・ブルーとは全く異なる計算原理を用いていたのです。それが強化学習です。

強化学習の基本原理は非常に単純です。ちょうど、動物に何か芸を覚えさせるのに似ています。動物には言葉が通じないため（一部例外はありますが）、何をどうしろと細かく指示できません。従って、根気よく何度も訓練し、うまくいったときはちゃんと褒めてやったり餌を与えたりします。つい最近、亀に10年かけて「お手」と「待て」を仕込んだという話がニュースになりましたが、とにかく時間と手間のかかる作業です。強化学習とは、いってみればこれと同じことをコンピュータにやらせようというものです。実際、先のＴＤギャモンでは、１００万回を越す対戦シミュレーションを行いプログラムを訓練したそうです。

こう書くと、強化学習とは、同じことを何度も繰り返すため非常に時間のかかる非効率的な学習法だと思われてしまうかもしれません。しかし、強化学習のすぐれている点は、事前に設計者が「正解」を知らずとも、コンピュータが勝手に学習してくれることなのです。ときには、設計者が想像もしなかった素晴らしい行動則を発見することすらあります。再びＴＤギャモンに話を戻すと、人間の常識を覆すような好手をコンピュータが発見し、人間の方が逆にその戦略を真似るようになったという逸話が残っています。このような利点から、強化学習はボードゲームやロボットの行動学習などに幅広く応用されています。

さらには、近年の脳科学の進歩により、強化学習の脳科学的基盤も明らかになってきました。強化学習のアルゴリズムに登場する変数や関数が、実際の脳の部位と対応が付くようになったのです。例えば、報酬予測誤差と呼ばれる変数の値は、中脳という部位にあるドーパミンニューロンの活動とよく似ていることが分かっています。私たちの脳の中では、強化学習のアルゴリズムがまさに活躍しているのかもしれません。

しかし、強化学習はそのままでは非常に効率が悪く、多数回の試行錯誤を繰り返さなければ良い解を見つけることが出来ません。そこで、学習対象を適切に分割し、個々の部分問題を別々に解くというやり方が盛んに研究されています。より細かく分類すると、階層型強化学習とモジュール型強化学習という2種類があります。

階層型強化学習とは、例えば、自宅から旅行先までの経路を考えるようなものです。全体をひとまとめにして考えると、幾通りもの道順があり、その全ての中から所要時間、経済性などを考慮して最適なものを選び出すのはとても大変です。そこで、大雑把に大体の経路を決めるのと、より細かいレベルでの経路を決めるのを分けることにします。例えば、とにかく最初は東京駅に出てみようと決めて、次に自宅から東京駅までの細かい行き方を決めるのです。こうして得られた経路はそこそこ性質が良く、かつ素早く見つけることが出来ます。さらに、ある中間地点から別の中間地点への経路は、仮に今回採用されなかったとしても、別の目的地への経路を調べる際に使えるかもしれません。このように、大域探索と局所探索の組み合わせ、部分問題の解の再利用などが階層型強化学習の特徴です。

一方、モジュール型強化学習は切り替えを行う点に特徴があります。よく頭の切り替えが早い遅いといいますが、全く異なる課題に取り組んでいるとき、私たちは実際に脳を切り替えています。最近、小脳という部位では課題ごとに別々の部分領域が対応していて、それらが切り替わるらしいことが分かってきました。脳の中に何人もの専門家たちがいて、彼らが必要に応じて交代するようなものです。モジュール型強化学習は、複数の強化学習モジュールを適切に切り替えることで、効率的に学習を行うものです。階層型強化学習が縦方向の問題分割ならば、モジュール型強化学習は横方向の分割法といえます。

私自身が現在取り組んでいるのは、これら階層型強化学習、モジュール型強化学習の拡張です。階層構造やモジュール構造を特殊な場合として含むような、より一般のネットワーク構造を考えた場合に、適切な問題分割をするにはどうしたらよいかについて調べようというものです。今のところ構造を一般化したことによる明確な利点はまだ見つかっていませんが、強化学習と同じで、まだ誰も知らない「正解」を見つけるため根気よく試行錯誤を繰り返しているところです。もちろん、適切な中間目標設定や問題の切り分けを意識しつつ。

神経の統計学

藤原寛太郎（Kantaroh Fujiwara）

人の心を読むことは、日常生活で誰もが無意識に行っていることです。相手の様子を伺って表情や顔色を見たり、言動をチェックしたりして心の中を読み取ります。しかし、幸か不幸かそうして読み取った結果は必ずしも当たりません。人の心を読むことは、果たして可能なのでしょうか。仮にそれが可能であれば、パッと思いつくだけでもいろいろな場面で利用できそうです。身近なところでは、ビジネスで交渉事を有利に運ぶことも可能かもしれませんし、失恋を事前に回避できるかもしれません。このような能力をもちたいと思った経験のある人も多いでしょう。

もちろん、これまでそれは夢のまた夢でした。しかし、近年の脳科学の飛躍的な発展によって、限定的ではあるもののそれが可能となりつつあります。人の脳が状況に応じてどのような活動をしているのか、脳波や脳の血流を読み取ることによって直接的に観測できるようになったのです。それによって、人の脳の働きが、脳のどの場所で起こるかを見ることができるようになりました。例えば、食べ物が欲しい時や不安を感じている時に、それぞれ脳がどのように活動しているのかがわかります。これは、脳の活動を見るだけでその人が食べ物を欲しがっている、あるいは不安を感じている、といったことを推測できることを意味します。

しかしながら、食べ物を欲しがっているのかどうかといった大ざっぱなレベルでは推測できるようになってきたものの、例えば何を食べたいのかといった詳細な情報や、もっと高度で複雑な思考や感情を読み取るには至っていません。それらを解明するためには、脳波や脳の血流の活動がどのようなメカニズムで生じているのかをより詳細に見ていく必要があります。具体的に言うと、脳を構成する神経細胞(ニューロン)がどのような働きをしているのかをきちんと知る必要があります。

神経細胞は、他の神経細胞へと電気信号を送って情報のやりとりをしています。ひらめいたときの様子を表す絵として豆電球が光る絵をよく目にしますが、まさにそんな感じです。実際には、ひらめく・ひらめかないにかかわらず、電気信号が脳の中のあちらこちらで飛び交っています。例えば、「カレーを食べたい」という情報を表現するために、複数の神経細胞が協調して電気信号を出します。

ところで、電気信号のどこを見れば表現している情報がわかるのでしょうか。電気信号の形はどれもほぼ同じです。この問題はまだ完全に解明されたわけではないのですが、電気信号の間隔やタイミングで情報を表現しているとされています。

どのような間隔やタイミングの時に、どのような情報を表現しているのかを理解するために有用なのが、統計学です。例えば、カレーを食べたい時に神経細胞の電気信号がどのようになっているのかを理解するためには、カレーを食べたい時の実験データから電気信号の間隔やタイミングなどの統計的性質を調べあげて、その特徴を把握することが重要です。統計的性質とは、電気信号の間隔がどのように分布しているのか、異なる神経細胞の電気信号との間でどのような相関をもっているのか、といったデータを特徴付ける性質のことです。近年の脳科学の実験技術の発達は目覚ましいものがあり、実験でどんどんデータが蓄積されています。そして、実験データを統計学に基づいて解析することによって、神経細胞の発する電気信号のもつ意味が徐々に明らかになりつつあります。こうした解析を行い神経細胞の性質を明らかにすることで、脳の情報表現の問題が解き明かされようとしています。人の脳を覗くことでその人の考えていることが分かってしまう日も近いかもしれません。

そうした成果は医療や福祉に応用することも期待されています。脳と機械をつなぐBMI（ブレイン・マシン・インタフェース）の開発はその代表例です。BMIとは、脳からの信号をコンピュータで読み取り、それをロボットなどに出力させるインタフェースのことです。例えば、「人工の義手を左に動かしたい」と念じると、その脳活動をコンピュータが読み取り、コンピュータからの指令で義手を左に動かす、といった具合です。つまり、念力で義手を動かすようなものです。BMIを介して脳の信号を手足の筋肉に伝えれば、四肢麻痺の患者さんが自分の手足を自由に動かせるようになるかもしれません。

このように、統計学を用いて神経の情報処理機構を解明していくことは、脳の理解という純粋な目的だけでなく、遠い将来には様々な応用が考えられて有益でもあります。しかし、例えば人の心を読む技術などは実現してしまうと、怖い気もします。私自身、その技術を、自分に試されるのはちょっと困ります。有益であるがゆえに悪用されることもあるでしょうし、倫理的な問題も考える必要があります。しかし、その分、未知の魅力の詰まった新しく熱い研究分野でもあります。

脳とコンピュータをつなぐ数学

冨岡亮太（Ryohta Tomioka）

機械やコンピュータを操作するのにふだん私たちは左右の手を使います。車の操作には足も使います。最近はカーナビなど音声で操作できる装置も珍しくなくなってきました。しかし、これらどの場合においても私たちの意図はいったん何らかの運動に置き換えられ、機械やコンピュータはその運動を理解して私たちの意図したように動作します。このように人間と機械が情報をやりとりする場所はインタフェースと呼ばれます。ブレイン - コンピューターインタフェース（ＢＣＩ）は私たちの意図を末端の運動器を介することなく脳から直接、機械やコンピュータに伝える新しい技術です。このような技術は私たちの日常生活を革新的に変化させる可能性を持っているだけでなく、事故、病気などの原因で脳は正常であるにも関わらず、脳から運動器への連絡に障害を持つ人たちを手助けすることができます。脳から情報を読み取る方法としては脳波計（ＥＥＧ）、脳磁計（ＭＥＧ）や機能的ＭＲＩ（ｆＭＲＩ）などがあります。

さて、新しい機械の操作方法として「脳で操作できる」といわれても多くの人はどう脳を使ったらいいのか戸惑うのではないでしょうか。残念ながら現在の技術は「ただ考えればよい」という段階には達していません。文字を入力したいときは画面の中に表示される特定の文字に意識を集中させたり、あるいはカーソルを左右に動かしたいときには「左」、「右」と念じるかわりに「左手」あるいは「右手」で特定の動作を想像したりします。したがって、現在のところＢＣＩは人間の意図を認識しているというよりは人間の意図に付随して起こる副次的な脳の活動を検知しているといえます。それにしてもコンピュータにとっては従来のキーボードやマウスの操作に比べれば格段に不確かで、ばらつきの大きい情報であり、しかもそれが多チャンネルの時系列という非常に高次元なデータのどこかにひそんでいるので、扱いづらいデータです。このようなデータから意味のある情報を取り出すには統計的な解析が重要です。すなわち、被験者に何度も同じ操作をしてもらって、その被験者の操作の傾向を抽出するのです。このような方法は「教師あり学習」とも呼ばれます。つまり被験者が脳を使う際のクセを機械が学習する

図1　2次元平面上の「教師あり学習」の例

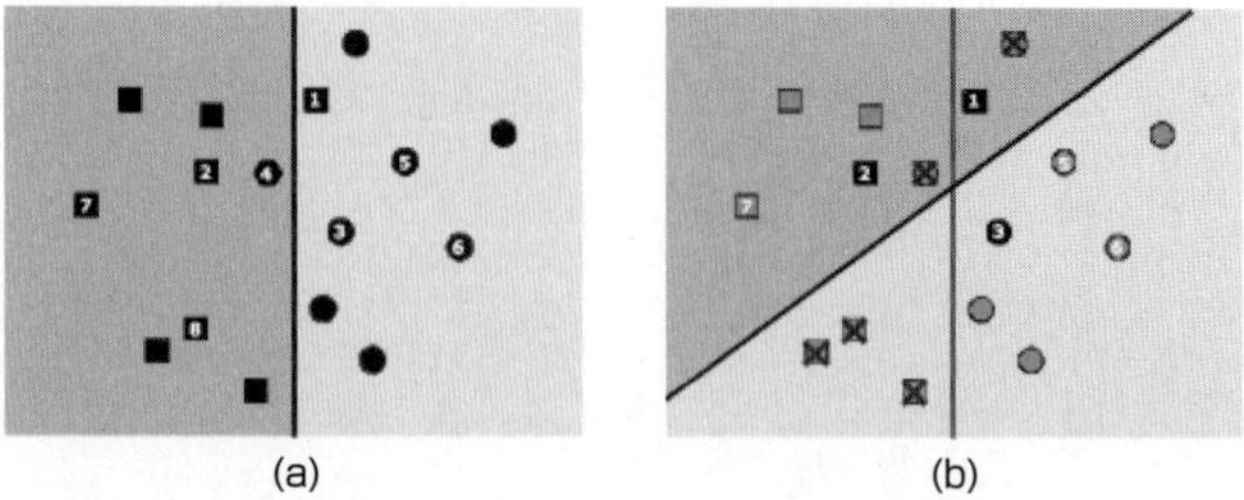

のです。このアプローチは人間が機械の操作（例えば車の運転）を習得するのと対比するとわかりやすいのですが、実際には機械の学習と人間の学習の両方が欠かせません。

この教師あり学習の課題が見かけより困難なものであることは次の例を使って考えることができます。2次元平面の上のデータ点の集まりを考えます（図1(a)）。四角が「左」、丸が「右」にカーソルを動かしたいときの脳波だとします。四角と丸を直線で区別するには（「1」および「4」の点は間違って分類されているものの）図のように中央で左右に分けるのがよさそうです。これは「1」～「8」の8個の点だけで学習しなくてはならなくてもあまり変わらないでしょう。しかし「1」～「3」の3つの点だけで学習をしなければならなかったらどうでしょうか？　これは図1(b)に示すように斜めに傾いた境界を学習してしまいます。(a)のように点の数が多ければ、少数の点では間違ってしまうものの全体の傾向をとらえることができます。なぜなら、(a)では直線を用いて四角と丸を完璧に分離することは不可能だからです。一方、点の数が3つしかない(b)ではいかなる四角と丸の組み合わせについても直線で分離することができます。そのため得られる境界は3点の選び方によって大きく変わってしまいます。同様に3次元空間では4つまでの四角と丸のあらゆる組み合わせについて必ず平面で分離することができます（正四面体の頂点を四角と丸に対応させて考えてみて下さい）。一般にn次元空間では$n+1$個までの点のあらゆる四角と丸の組み合わせを必ず$n-1$次元超平面で分離することができます。逆に言えばn次元空間に$n+1$個以下の点しかないときは機械はどんな誤りを含んだデータを与えられてもそれを「正しく」説明してしまうということが起こります。このとき機械は学習データを完璧に分離できるにもかかわらず、新しいデータを正しく判断できないのです。この現象を「過学習」と言います。右で見た次元とデータ数の関係は脳波を用いたＢＣＩにまさに当てはまります。例えば64チャネルの脳波を、サンプリング周波数１００Hzで１秒間計測すると次元は６４００次元になります。一方、被験者の負担を考えると機械に与えられる例題の数はたかだか２００

~300です。過学習を避けるには「正則化」という考え方を用いて、機械が用いる仮説（ここでは超平面）の複雑さを適切に抑えることが重要です。「複雑さ」の定義には多くの場合ある程度の恣意性があります。従って問題に即して決める必要があります。

右で見たような機械の学習が人間と機械との間のインタフェースに果たす役割はBCIに限らず今後大きくなっていくと考えられます。その際には人間の学習と機械の学習の相互作用によって両者をあわせたシステムの性質や挙動がどのように変化するかを解明することが重要な課題となります。

複素数と情報処理

田中剛平（Goh'hei Tanaka）

街を歩いていて知人にばったりと遭遇することがあります。毎日会う会社の同僚ならともかく、久しく会っていない学校時代の同級生のことを、私たちはなぜ瞬時にその人だと判断できるのでしょうか。もし私たちの脳が、知人の顔の目や鼻の形に関する情報を独立に記憶していて、向こうからやってくる人の顔のパーツとあらゆる知人の顔のそれとを逐一比較しているのだとしたら、とてつもない時間がかかってしまうに違いありません。モノマネ芸などを見ていて分かるように、私たちが人の顔を判別する上で重要視しているのは、むしろ目と鼻の位置関係や顔に占める口の大きさなど、相対的な関係であることが少なくありません。

以上のような認識能力は、人間の脳の高度な情報記憶方法や情報処理の特徴を反映しているわけですが、もしコンピュータがこうした判別能力を持てば、様々な場面での応用が考えられます。例えば、映画や小説のワンシーン。防犯カメラに映った事件の容疑者とおぼしき人物の顔を、容疑者データベースと照合して、本当に容疑者かどうかをコンピュータで判別する場面があります。もし画像の画素ごとに比較し一致度を測るというような単純な方法を使っていたら、膨大な時間がかかって容疑者を捕り逃してしまいます。このような場面では、多少の正確性を犠牲にしても、できるだけ速く照合できることが求められるでしょう。

こうした現在のデジタルコンピュータでは扱いにくい問題を解決するため、情報科学や計算知能の分野では様々な手法が確立され発展してきました。その一つに生物の神経回路網を模倣した人工ニューラルネットワークがあります。ニューラルネットワークで画像を処理するには、画素数と同じ数のニューロンを用意します。従来のニューラルネットワークでは、構成要素である1つのニューロンは、生物の神経の特性である発火と非発火という状態に対応して、2つの状態を表現します。モノクロ画像の各画素は白と黒の2色で表現されるので、例えば発火状態が黒色、非発火状態が白色に対応すると思えば、画素数分のニューロンから構成されるニューラルネットワークは、1つのモノクロ画像を表現することができるようになります。モノクロ画像処理の応用としては、手書き文字の認識があります。あらかじめいくつかの標準文字がニューラルネットワークに登録されていて、手書き文字が入力されたときに、登録されている中で最も近い文字画像を探索することで、手書き文字を自動的に識別することが可能になります。

では、1つの画素が複数の色を持つ多階調画像（グレイスケールやカラーの画像）に対して同様の処理を実現するにはどうしたらいいでしょうか。例えば、ニューロンのとる状態が複素数で表現される複素ニューラルネットワークを用いれば、それが可能になります。複素ニューロンは従来のニューロンとは異なり、任意の複数個の状態を表現することができるからです。10色の画像を処理するならば、それぞれの色に対応する10状態を表現する複素ニューロンを用いればよく、それは複素平面上の単位円を等角度に10等分した点のいずれかの状態をとります。別の階調数の画像に対しては、同様に単位円を階調数で分割すれば良いわけです。図1は、複素ニューラルネットワークを用いて256階調の画像を処理した例を示しています。複素ニューラルネットワークには、あらかじめ複数の多階調画像を記憶しておきます。ここで、記憶するのは、画像そのもの

図1　複素ニューラルネットワークによる画像復元の例

の情報というよりも、画像間の関係性であることが大きな特徴です。記憶したうちのある1つの画像にノイズを加えて、複素ニューラルネットワークに入力すると、元の画像が復元されて出力されていることが分かります。ニューラルネットワークに基づく手法では、記憶する画像の数があまりに多いと、復元の精度が悪くなる傾向にあり、また正しく画像を復元できないこともあります。そのため、復元の精度がより良くなるよう、複素ニューラルネットワークの性能向上を目指しています。

以上のような多階調画像の処理を含め、複素数の特徴をうまく活かした情報処理技術に近年大きく注目が集まっています。複素数は振幅と位相という異なる種類の情報を一度に表現できるので、特に、音波、光、電磁波などの波動を表現するのに相性が良いと考えられます。また、複素数特有の位相方向の循環性や、複素数の演算を用いることで、情報処理の動作原理に良い見通しを与えることもできます。今後は、量子計算デバイスなどの新しい情報通信技術との関わりも含め、工学や産業への応用がさらに拡がっていくと期待されます。

カオス理論の新展開

安東弘泰（Hiroyasu Andoh）

カオスという言葉を聞いて、なにを思い浮かべるでしょうか？　聞いたこともないというお答えもあるかもしれませんが、混沌として、ぐちゃぐちゃとした何かといったような、例えば、渋谷のスクランブル交差点での人の動きなどを思い浮かべられるかもしれません。最近では、カオス理論をモチーフにした〝バタフライエフェクト〟という映画などが人気を博していたりもするようで、巷でもその言葉を目あるいは耳にする機会も増えてきているのではないでしょうか。本稿では、そのカオス理論とはいったいなんなのかというところから、最近の科学研究におけるカオス理論の進展をご紹介しようと思います。

まずカオス理論ですが、言葉で説明するより、実際に体験していただく方が分かりやすいかと思います。最近は肩身の狭くなった喫煙者の方が居られましたら、ぜひ喫煙ルームでタバコに火をつけて、そして、それを吸わずに、その立ちのぼる煙を観察してみてください。そこには自然にいくつもの渦が作り出されてはいませんか？　あるいは、タバコを吸わない方は、蚊取り線香やお香に火をつけ、その煙の流れをご覧になってください。タバコや線香の煙は、ある程度まで真っすぐに立ちのぼり、あるところから渦を作りはじめ、その後壊れて消えていってしまうでしょう。ここで、注目していただきたいのは、空気の流れがまさにカオスそのものであり、それを煙の流れとして垣間見ているということです。カオスという概念は、およそ１００年前に数学者ポアンカレによりその存在は認知されていましたが、学問として興ったのは、１９６３年に気象学者のローレンツが流体の方程式から導いたローレンツアトラクタという、蝶が舞うような幾何学的構造の発見がそれであるといえるでしょう。煙の実験をしていただくとお分かりになると思いますが、このローレンツアトラクタは、まさに先ほどの渦とよく似た形をしています。数学的に両者が等しいというわけではありませんが、ここで言いたいのは、わたしたちのごく身の回りに、実際の空気の流れとして、カオスは存在しているということです。そして、そのカオスは、非常に複雑に振る舞っているにもかかわらず、ある決まった数学の式により表現できうるということです。ここで、カオスを複雑にする性質として、初期状態に対して敏感に依存するという性質があります。さきほどの煙は、最初は一筋の流れとして現れ、その後、多くの渦を作り続けていきますが、その各々の渦が壊れた後の煙の流れは、それぞれ全く異なった振る舞いをするでしょう。これは、最初の煙の立ちのぼり方にあるほんの少しの違いが、大きな違いを生み出した結果といえます。実はこの性質は、長期的な天気予報の難しさにも関わっています。

このように、カオスは非常に複雑に振る舞い、一見扱いづらいと思われます。しかし、最近のカオスの理論研究では、カオスの複雑な性質を逆に利用して、カオスを扱いこなすという、いわゆる〝カオスを制御する〟という研究に注目が集まっています。このカオス制御の研究では、カオスがもつ少しの変化を次第に大きな違いへと広げていくという性質と、カオスを生み出すシステムにみられる幾何学的構造の両者をうまく活かすことにより、ほんの小さな力でもカオスを思いどおりに操ることができるようになりました。このような〝カオスを制御する〟という研究は、20世紀の終わり頃から、多くの研究者により爆発的に行われ、数学的な理論研究のみならず、その数学的背景をふまえた実践的研究としても多くの成功を収めてきました。先にも述べたように、カオスは世の中に多く存在していると考えられていますが、私たち人間の体の中においても、カオスにかかわる振る舞いを見出すことが出来ます。たとえば、心臓の動きや脳波などにもカオス的性質が内在していることが知られています。そこで、そのような生体のカオスを、カオス制御の理論に基づき、実験的に制御するという研究が行われています。これらの実験的研究は、不整脈などの心疾患やてんかんのような脳の疾患を、カオスの観点から治療するという動機のもと、その萌芽的な研究として提案されました。このほかにもカオス制御理論は、出来るだけ小さなエネルギーで情報を伝送するといった、省エネルギー情報通信技術へも応用され、実際の回路による実験的なシステムも構築されています。このように、カオス理論は、疾患治療への応用可能性から、通信技術などの幅広い分野への応用を見据えて、現在もなお、多くの研究が進められています。

最後に、最近のカオス理論のもう1つのユニークな発展として、アートの世界への貢献が注目を浴びています。このカオスによるアートはまさに、先ほどの煙の動きのような複雑な振る舞いを、芸術の観点から、数学を使って表現するというものです。ぜひ機会があったらご覧になってください。煙の動きを数学が再現している様子を見てとることが出来ると思います。

同期の数理

西川　功（Isao Nishikawa）

同期現象とは、「固有のリズムを持って振動しているものが、相互作用によってリズムを調節する現象」のことで、それは私たちの周囲に見られる身近な現象です。例えば人は、24時間周期の生活をしていますが、これは太陽光を浴びることで、体内のリズムを地球の自転と同じ24時間周期に調節している結果うまく機能しているのです。実は、人の体のリズムはサーカディアンリズムと呼ばれる約25時間の周期で出来ており、太陽光を浴びないと、一日のリズムが24時間周期からずれてしまいます。これは、雨の日に太陽光が遮断されて日の光を十分に浴びないと寝付きが悪くなる、といった様に表れてきます。また同期現象は、工学的にも広く応用されています。例えばラジオは、送信された電波と同期することで目的の音声を受信しています。また、壁に掛けた2つの振り子時計が、壁を通じた相互作用を及ぼし合うことで、時間が経つと同期して互いに逆方向へ振動するという現象も報告されています。以上に加え、2より多くのもの同士における同期現象も報告されています。例えば、東南アジアの蛍は、1万匹もの集団が互いに点滅する周期を合わせ、リズムを合わせて一斉に点滅することが知られています。また、劇場の拍手喝采も、人それぞれの固有の拍手のリズムを互いに調節し合うことで、1つの周期の拍手になることも知られています。

このように、同期現象は、生物学、工学、物理学など幅広い分野で見られるものです。これらの同期現象は、現れる場面がまったく異なるため、同期という概念の理解が進むまでは、共通性が見いだされることなく別々の現象として理解されていました。しかし近年になって、数理的な視点から見るとそこには共通する普遍的な性質が通底しているということが明らかになって来たのです。数学者、工学者、物理学者、といった広い分野の科学者の研究により、人の体内リズムの調節から劇場の拍手の同期現象までが、1つの統一された理論で扱えることが分かってきたのです。

以下では、同期を数理的に理解することを考えていきます。そのためには、同期の機構の本質を知る必要があるので、先に述べた振り子の例を詳しく考えることにしましょう。2つの振り子は共に振れる周期が揃うように作られていますが、完全に一致するようには作れず、周期が微妙に異なるものです。したがって、別々に振動させると、時間が経つにつれ振り子の振れ方はだんだんとずれていきます。しかし、2つの振り子は壁に掛けてあるので、壁を通して互いに弱い相互作用を及ぼし合うことになります。この相互作用によって振り子は反対方向に振れるようになるのです。

上記の理解を数理的に特徴づけることを考えます。1つの振り子を壁に掛けて、振り子が最下点を（右から左へ）通過する時間を計ってみると、2つの連続する通過時刻の差は一定の値を取るようになります。その一定の値を周期と呼び、Tと書くことにします。つまり、一度振り子が最下点を通過してからT秒経つと、また振り子は最下点を通過していることになります。2つの振り子の振動の周期が違うとは、振り子1の振れる周期をT1（秒）、振り子2の振れる周期をT2（秒）と書くとき、T1 ≠ T2のことを言います。T1=1（秒）、T2=1.1（秒）でしたら、11秒後には振り子1は11回、振り子2は10回振れていることになります。この2つの振り子は、壁を通じた相互作用を及ぼし合いT1、T2の値を微妙にずらして同じ1つの周期で振れようとします。例えばT1=1（秒）、T2=1.1（秒）でしたら、壁の相互作用を受けることでT1=T2=1.03（秒）などとなることで、2つの振り子は同じ周期で振れるようになります。これによって、同期を数理的に特徴づけることができます！

2つの振り子を考えたことの発展として、多数の振り子が互いに影響を及ぼし合う場合も考えられます。それは、冒頭に挙げた蛍の同期や劇場の拍手の同期の理解につながります。東南アジアの蛍は1匹ずつでは固有のリズムを持って点滅しますが、それが周囲の蛍から影響を及ぼされることによって、ホタル全体として1つのリズムで点滅するよう周期を揃えていると考えられています。劇場の拍手も同様の機構から成っています。なんと、蛍も劇場の拍手も工学的な問題（ラジオの同期など）も、数理的に見ると「周期的に振動しているものが相互作用によって周期Tを調節する現象」というものとして同一視できるのです。さらに最近の研究では、相互作用の及ぼし方も数理的には上記の現象間に共通した法則があることが明らかになってきています。その結果、現象の背後には「周期的に振動しているものが相互作用によってリズムを合わせる現象の方程式」というものが存在していて、上記の現象のすべてを（いくつかの）統一的な方程式で表すことができる段階にまで同期の理解は進んでいます。したがって、その方程式のことを理解すれば、一挙にそれらすべての問題の同期の機構が分かることにつながります。これが数理の威力の1つです。

同期現象の研究は今も盛んに行われています。例えば、〝非〟周期的な運動をするもの同士の間にも同期現象を考えることができ、これは筆者の最近の研究対象になっています。これからの同期の数理の発展に期待します。

体内時計の数理

カビも不眠で悩んでいる？

黒澤　元（Gen Kurosawa）

旅行や出張で海外に行った時、悩まされる時差ボケ。これは私達の体に備わった体内時計（あるいは概日時計）の仕業です。最近の研究で、蛋白質や遺伝子が体内時計を刻んでいることが明らかになりました。体内時計は私達だけでなく、昆虫、植物、藻類も持っています。仮にあなたがしばらく洞窟の中で暮らすとしましょう。時計や携帯電話はなく外から時刻を知る術はありません。それでも体温や血圧は約1日の周期で上下するはずです。この周期を自由継続周期といいます。人の自由継続周期は平均25時間位です。周期が23時間とか短い人ほど早起きであるようです。自由継続周期は種によって異なります。例えばカビの周期は21・5時間、ハエは24時間です。私達は実験でよく使われるカビとハエを代表例として用い、自由継続周期について数理的に研究しています。

カビの時計遺伝子フリーク（*frequency*）から作られる蛋白質には、フリーク遺伝子の発現[注]をオフにする性質があります。フリーク蛋白質がある時は、フリーク遺伝子の発現はオフ。ない時はオンです。フリーク蛋白質の合成が進むと、遺伝子の発現はオフになります。新しい蛋白質の合成が止まるとフリーク蛋白質による負の制御が解除され、フリーク遺伝子の発現は再びオンになります。こうした挙動を繰り返し蛋白質量は1日周期で振動します。現実には概日時計の形成にはこの遺伝子だけでなく、他にも多数の遺伝子・蛋白質が関わっているらしく、全体像はわかっていません。しかしカビを含め多くの生物の体内時計の基本メカニズムは、上記のような遺伝子発現制御にあるようです。

ここではシステムを単純化し、その動きを数理的に考察します。まず蛋白質の合成・分解、遺伝子の制御等を取り込んだ数理モデルを作ります。実際には蛋白質の合成・分解速度は全てわかっているわけではないので、生理学的に妥当な範囲で速度定数を決めて計算機シミュレーションします。すると定数の選び方により、実際のカビと同じ21・5時間周期の蛋白質量の変動を再現できます。生物にとって時刻を知る最も頼りになる手掛かりは光です。実験室が明るい時、カビの細胞ではフリーク遺伝子の発現が強制的に増強されます。暗い時も遺伝子発現は起きますが、明るい時のフリーク遺伝子の発現は暗い時の4～25倍です。自由継続周期が21・5時間の計算機上のカビに、光の中で12時間、真っ暗の中で12時間という刺激を与え続けます。すると21・5時間周期で振動していた蛋白質は24時間周期で振動するようになります。このように外の周期に合わせて変動するようになることを同調と呼びます。同調できるかどうかは、光の強さによります。光が弱すぎると21・5時間周期の振動が継続します。

もしもカビが24時間周期だったらどうなるでしょう。計算機上で周期が24時間のカビを調べると、光がとても弱い時も24時間の周期に同調することがわかります。内と外の周期が一緒なので調整する必要がないのです。光を強くすると高振幅で振動します。さらに光を強くすると、光のある時は蛋白質が過剰に作られ光のない時は蛋白質が作られないという急激な変化を繰り返し、振動は次第に乱れていきます。蛋白質の最大値が、ある日は朝8時、翌日は10時、翌々日は7時といった具合です（カオス）。すなわち計算機実験の結果は、24時間周期のカビを調べれば乱れた振動を観測しうることを示唆します。私達は様々な周期のカビ突然変異株を用いて同調の実験をすることにしています。

注　遺伝子の発現：DNA上にある遺伝情報の必要部分がRNA（リボ核酸）にコピーされ、そのコピーをもとに蛋白質が作られる。遺伝子からRNAが作られるプロセスを遺伝子の発現という。

同じようにして、自由継続周期が約24時間のハエについても考えます。カビとハエの決定的な違いは、光への応答様式です。カビは光が当たると遺伝子の発現が促進されますが、ハエは光が当たると蛋白質の分解が促進されます。計算機上で21時間周期のハエを作ってみます。光強度が弱いと、昼夜の蛋白質分解速度の変化が少ないため、24時間周期のサイクルに同調できません。光強度を強くすると同調できるようになります。それに対して周期が24時間のハエはどうでしょう。光強度が弱くても、もともと24時間周期ですので、24時間の環境変化に合わせて振動します。光強度をいくら強くしても、カビのように振動が乱れることはありません。光があると蛋白質が分解されるハエの場合、光強度が増し蛋白質分解速度が増えても蛋白質量が0になるまでの時間が短くなるだけで、カビのように振動は乱れないのです。

人には、カビと同じように光が当たると発現の増える遺伝子が見つかっています。計算機上のカビのように、24時間周期の人の振動は乱れているのでしょうか。わかりません。人の体内時計は未解明の点が多いのですが、分子レベルの研究は凄まじいスピードで進んでおり、私達一人一人の体内時計を計算機で捉えられるようになる日もそう遠くはないと思われます。

音楽の数理

澤井賢一 (Ken'ichi Sawai)

音楽は、数学とは関係のないものと一般的には思われがちです。しかし、例えば中世ヨーロッパでは音楽は数学系の学問として扱われ、音程や音の長さに関する数理的考察などが行われていました。そして現代でも、音楽を対象とした様々な数学や音響学などの研究があり、その応用として音楽情報検索システムなどが実用化され始めています。ここでは音楽と数学の関わりの1つとして、カーナビなどに使われる技術を応用して、フルート演奏の手助けをしようという研究をご紹介します。

管楽器・弦楽器・鍵盤楽器と呼ばれる楽器のうち、多くのものは演奏する音の高さを指で操作するのに指を用いますが、その操作は「運指」と呼ばれています。フルートなどの管楽器の場合は、1つの音符に対する押さえ方が多くの場合いくつもあり、音符によっては10種類以上のこともあります。そのため1つのフレーズを演奏するための運指は複数の候補があり、テンポの速いフレーズを演奏する際は、この運指の選び方によって難易度が大きく変わります。しかし、すべての運指の候補を試してその中からやりやすいものを選ぶことは現実的ではありません。なぜなら、1つの音符に対する押さえ方が平均して3通りだとしても、10個の音符のフレーズに対しては3^{10}＝約6万通りもの運指が考えられるからです。すべての候補の中からもっともやりやすい運指を効率的に見つけるには、どうすればよいでしょうか。

そこでまず、やりやすさの基準について考えてみましょう。フルートは押さえ方を変えるときに、各指は「離す」・「押さえる」・「ずらす」のいずれかの動作をします。ここで「ずらす」という動作は、ある指が1つ目の音符で1つのキーを押さえたまま、2つ目の音符でその指をずらして別のキーを押さえる動作のことで、フルートは指によって担当するキーが複数あるために生じるものです。これら3つの動作は経験的に、「離す」≦「押さえる」≦「ずらす」の順にやりにくく、特に「ずらす」はとてもやりにくいため、できれば避けたい動作です。そこで2つの押さえ方の間のやりにくさを、各動作をする指の本数に、やりにくさを表す数値を掛けて、できた3つの数値を足し合わせたものとします。やりにくさを表す数値は、「離す」：1、「押さえる」：2、「ずらす」：7などとします。こうすることで例えば、動かす指の本数が同じ4本でも、変え方が「離す指：3本、押さえる指：1本、ずらす指：0本」＝「やりにくさ：5（＝3×1+1×2+0×7）」よりも「離す指：2本、押さえる指：2本、ずらす指：0本」⇒「やりにくさ：6」の方がやりにくいことを表せます。また、ずらす指を1本でも含むような変え方のほうが、これらの変え方よりもやりにくいことを表現できます。そして、フレーズに対する各運指のやりにくさを、隣り合う押さえ方の間のやりにくさの合計として、この値が小さいほどやりやすい運指であるとします。

次に、もっともやりやすい運指を効率的に見つける方法を考えます。ここで、単純にすべての候補についてやりにくさを計算すればいいじゃないかと思われる方もいるかもしれません。もちろん、解くことだけが目的であればたしかに解けます。しかし、実際に演奏者が結果を参考にすることを考えると、この方法はまったく実用的ではありませんん。たとえば、5個の音符からなるフレーズの運指の候補は3^5＝243通りですが、このフレーズのもっともやりやすい運指が0・01秒で見つかるとしましょう。音符が1つ増えるごとに運指の候補は3倍になるので、見つける時間も3倍かかります。そのた

図1

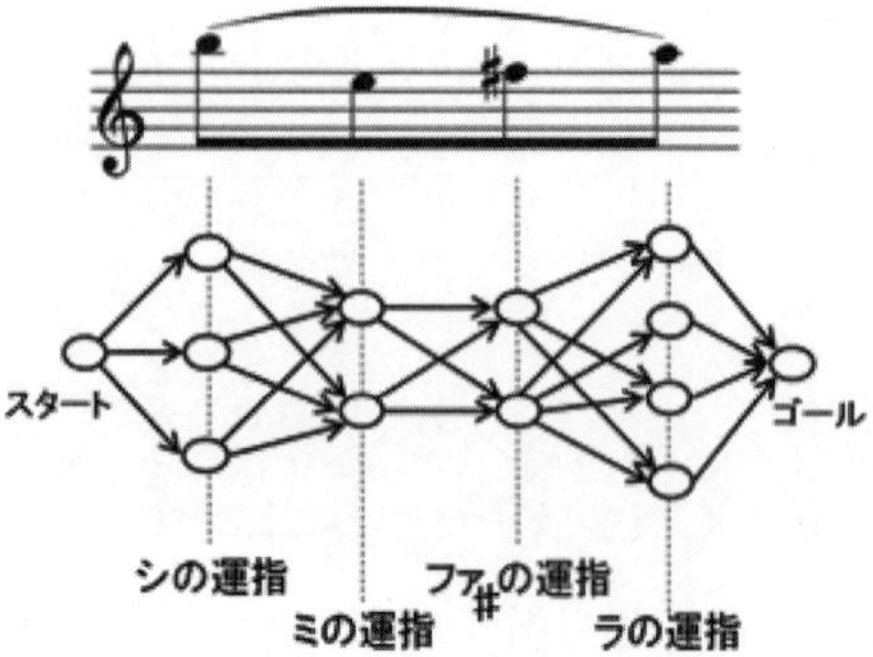

め、音符の数が5個増えて10個になると0・01秒×3^5＝2・43秒となります。これならまだ問題ありませんが、もしも音符の数が20個になると40時間もかかることになります。押さえ方の候補が10通り以上の場合があることを考えると、年単位で待つ必要が出てくるかもしれません。ではどうやって効率的に見つけるかというと、図1のような運指の路線図を考えます。この図は、各音符の下に押さえ方の候補を表す丸印「○」を並べ、隣同士の丸印を矢印「→」でつないだものです。各矢印を通る際は先ほど定めたやりにくさの分だけ時間がかかるとすると、スタートからゴールまで適当に丸印を選んで辿るのにかかる時間は、通った丸印の押さえ方を使ってこのフ

レーズを演奏した場合のやりにくさとなります。つまり、スタートからゴールまでのもっとも時間のかからない行き方を見つければ、もっともやりやすい運指を見つけたことになります。この種の問題は一般に「最短路問題」と呼ばれていて、スタートからの最短経路を前から順に求めることで効率的に解けることが知られています。この方法では、音符の数が2倍、3倍になっても、やりやすい運指を見つけるのにかかる時間は2倍、3倍にしかならないため、たとえば5個の音符のときに0・01秒かかる場合でも、10個で0・02秒、20個でも0・04秒で見つけることができます。最短路問題は現実の世界で非常によく現れる問題で、その解法を基礎とした技術は列車の乗り換え案内やカーナビゲーションシステムなどに広く用いられています。他には何に応用できるか、読者の方も考えてみてください。

この方法で実際にフルートのやりやすい運指を見つけるプログラムは、http://www.sat.t.u-tokyo.ac.jp/~ken1/ で体験することができます。ぜひ一度ご覧ください。

経済データの数理

大西立顕（Ohnishi Takaaki）

近年の情報技術の進展により、詳細で膨大な経済データが日々蓄積されるようになってきています。月単位や日単位の精度でしか調べられなかった現象が秒単位で調べられるようになり、データ数が多くなったおかげで統計的有意性が厳密に評価できるようになりました。また、電子化が進みいろいろなデータが記録されるようになり、様々な経済現象が新たに解析できるようになってきています。

経済学の基本的な概念は情報化以前にできたものです。そのため、経済学ではまず最初になんらかの仮定を行ない、その仮定を出発点にして理論を構築します。しかし、今では、現実のデータからその仮定が正しいかどうかを確認しながら理論構築できるようになりました。実証的なデータによって裏づけられる法則（規則性）を見つけ出し、理論を構築する。経済現象をこのような物理学の手法で理解しようとするのが経済物理学です。

背の高い人もいれば低い人もいるように、売上高の大きい企業もあれば小さい企業もあります。しかし、そのばらつき方は両者で大きく異なります。一般に、膨大な数の独立したランダムな事象の足し合わせによって生じる結果は、必ず釣鐘形の正規分布に従います（中心極限定理）。この定理の適用範囲は広く、身長や体重など正規分布するものはたくさんあります。とる値が平均値程度のごく狭い範囲に収まり、平均から大きく外れた値は出現しないのが、この分布の特徴です。たとえば、人の身長は１〜２ｍくらいで10ｍの人は存在しませんし、靴のサイズは20〜30cm程度であり、２cmとか２ｍの靴を履く人はいません。正規分布は数学的に扱いやすいため、標準的なポートフォリオ理論や統計学はこれを前提にしています。

しかし、実際のデータを調べると、ほとんどの経済現象は正規分布ではなくベキ分布に従っています。たとえば、企業の売上高は、売上高が1/10になると企業の数は１００

倍になるようなベキ分布（企業数が売上高の2乗分の1に比例する）に従います。つまり、売上高100億円の企業は売上高1000億円の企業の100倍の数あり、さらにその100倍の数だけ売上高10億円の企業があり、さらにその百倍の数だけ売上高1億円の企業があります。売上高が非常に小さい企業が圧倒的多数なのに、桁違いに売上高の大きい企業も少ないながらも結構存在します。平均的な考え方が通用せず、平均値ではなく異常値によって、普通ではなく例外によって支配されるような分布になっています。正規分布であれば平均値程度の大きさにのみ注目すればよいため、現象の理解も容易ですが、ベキ分布は非常に幅広い値をとり、平均値のような典型的な値が存在しないため扱いにくいものになります。

為替レートの変動の大きさもベキ分布に従っています。つまり、為替レートには典型的な変動の大きさはなく、大暴落は思ったほど稀なものでも極端な出来事でもないのです。一方で、レートの変動は完全に確率的なものではなく、人間心理を反映したような規則性がみられます。コインを6回投げたとき

裏→裏→裏→裏→裏→裏と裏→表→表→裏→表→裏

では、どちらが実現しやすいと思いますか？　一見、後者の方が実現しやすいと感じ

ますが確率的には同じです。このように人間の判断には傾向があります。為替レートが上がったら表、下がったら裏として、実際に過去7年間の1000万点以上のティックデータを使って統計検定をした結果、レートの変動を数分間隔でみると同じ側が続きやすい前者のようなパターンが出やすく、数秒間隔や数時間間隔でみると表裏が交互に出る後者のようなパターンが出やすいことが分かりました。つまり、数分間隔でみれば上昇や下降が連続しやすい性質があるが、それ以外の時間スケールでは上がったら下がる、下がったら上がるという平均回帰性があります。このような変動の規則性が他にもいろいろみつかっています。また、変動の非可逆性や非定常性の理解も進みつつあり、これらを再現する現実的な数理モデルの開発を行っています。

経済活動を理解するには、モノ・金の流れの全貌を把握することも重要です。日本企業約百万社について、各企業間の取引関係の有向ネットワークを解析する研究も進めています。各企業のリンクの本数はベキ分布しており、スケールフリー・ネットワークになっています。数学的には、有向グラフは行列で表現できるので、100万行×100万列の行列の性質を調べればよいのですが、そのままの形でこの大規模な行列を扱うのは困難です。そこで、この行列を確率行列にするような変換を行います。変換後の行列は扱いやすいので、サイズがたとえ大規模であってもいろいろな量が計算できます。こうして、固有ベクトルとして定義されるページランクや特異ベクトルとして定義されるオーソリティ度・ハブ度といった特徴量を求めることで、有向ネットワークの構造からみた各企業の重要度が明らかになっています。

このように実証データをもとにして経済現象を数理的に解明していけば、景気を良くするにはどの業種やどの企業を優遇すべきか、企業倒産・操業停止の波及効果はどの程度か、暴落やニュースに対しどのように市場は反応するかといった現実的な課題に対して、根拠ある定量的な政策提言やリスク評価が可能になると期待しています。

プロフィール

合原一幸（あいはら　かずゆき）
東京大学生産技術研究所教授、同大学院情報理工学系研究科教授、同大学院工学系研究科教授、（独）科学技術振興機構・ERATO合原複雑数理モデルプロジェクト研究総括。1982年東京大学大学院工学系研究科博士課程修了。東京電機大学工学部助教授、西オーストラリア大学理学部客員教授、北海道大学電子科学研究所客員助教授、東京大学大学院新領域創成科学研究科教授などを経て、現職。専門は、カオス工学、数理工学、生命情報システム論。主著に『カオス——まったく新しい創造の波』（講談社）、主編著に『複雑系がひらく世界——科学・技術・社会へのインパクト』（別冊日経サイエンス）、『脳はここまで解明された』（ウェッジ）、『<一分子>生物学』（岩波書店）など。

諏訪紀幸（すわ　のりゆき）
中央大学理工学部教授。1986年パリ第11大学で理学博士号を取得、1987年東京大学大学院理学系研究科博士課程満期退学。東京電機大学工学部教授などを経て、現職。専門は数論的幾何学。

今野紀雄（こんの　のりお）
横浜国立大学大学院工学研究院教授。1982年東京大学理学部数学科卒、1987年東京工業大学大学院理工学研究科博士課程単位取得。室蘭工業大学数理科学共通講座助教授、コーネル大学数理科学研究所客員研究員などを経て、現職。専門は確率論。著書に『図解雑学 確率モデル』『図解雑学 複雑系』（ナツメ社）、『量子ウォークの数理』（産業図書）、『無限粒子系の科学』（講談社）、『「複雑ネットワーク」とは何か』（共著、講談社ブルーバックス）、『複雑ネットワーク入門』（共著、講談社）など多数。

新井仁之（あらい　ひとし）
東京大学大学院数理科学研究科教授。理学博士。1984年早稲田大学大学院理工学研究科修士課程修了。1985年早稲田大学教育学部助手、その後、東北大学理学部助手、同講師、同助教授を経て1996年東北大学大学院理学研究科教授。1999年より現職。2007年より科学技術振興機構さきがけ研究者を兼任。専門は実解析、調和解析であるが、現在は視覚と錯視の数学的研究を行っている。「複素解析と調和解析の研究」により1997年度日本数学会賞春季賞、「視覚と錯視の数学的新理論の研究」により平成20年度科学技術分野の文部科学大臣表彰科学技術賞（研究部門）受賞。主著に『フーリエ解析と関数解析学』（培風館）、『ルベーグ積分講義』（日本評論社）、『線形代数 基礎と応用』（日本評論社）など。

藤原正彦（ふじわら　まさひこ）
お茶の水女子大学理学部数学科教授。東京大学大学院理学系研究科修士課程修了。都立大学理学部助手、ミシガン大学研究員、コロラド大学助教授等を経て、現職。主著に『国家の品格』『若き数学者のアメリカ』『心は孤独な数学者』（ともに新潮社）、『この国のけじめ』（文藝春秋社）、共著に『岩波数学辞典第４版』（岩波書店）、『世にも美しい数学入門』『世にも美しい日本語入門』（ともに筑摩書房）など。

小島定吉（こじま　さだよし）
東京工業大学大学院情報理工学研究科教授。東京大学大学院理学系研究科修士課程、コロンビア大学大学院博士課程修了。東京都立大学理学部助手、同助教授、東京工業大学理学部助教授を経て、現職。専門は双曲幾何学、低次元多様体、幾何構造、幾何学的群論。主著に『トポロジー入門』（共立出版）、『多角形の現代幾何学（増補版）』（牧野書店）、訳書に『3次元の幾何学』（朝倉書店）、『3次元幾何学とトポロジー』（培風館　W.P. サーストン、S. レヴィ著）など。

広中平祐（ひろなか　へいすけ）
財団法人数理科学振興会理事長、ハーバード大学名誉教授。
京都大学理学研究科修士課程修了。ブランダイズ大学准教授、コロンビア大学教授、ハーバード大学教授、京都大学数理解析研究所教授、山口大学学長、ソウル大学教授、などを経て、現職。1975年文化勲章受章。1970年フィールズ賞受賞。主著に『創造的に生きる』（聖教新聞社）、『学問の発見』（佼成出版社）、『「可変思考」で創造しよう』（光文社）、『広中平祐の数学教室（上・下）』（サンケイ出版）、編著に、『現代数理科学事典』（大阪書籍）など。

ウェッジ選書 32

社会を変える驚きの数学

2008年6月30日　第1刷発行
2008年9月9日　第2刷発行

【編著者】…………………………合原 一幸
【発行者】…………………………布施 知章
【発行所】…………………………株式会社ウェッジ
〒101-0047
東京都千代田区内神田1-13-7　四国ビル6階
電話:03-5280-0528　FAX:03-5217-2661
http://www.wedge.co.jp　振替 00160-2-410636
【装丁・本文デザイン】…………笠井 亞子
【DTP組版】…………………株式会社リリーフ・システムズ
【印刷・製本所】………………図書印刷株式会社

※定価はカバーに表示してあります。 ISBN978-4-86310-025-1 C0341
※ 乱丁本・落丁本は小社にてお取り替えします。

ウェッジ選書